フレンドの遺言状

FRIEND's will card

それでもあなたはワクチンを打ちますか？

本村伸子
Nobuko Motomura

文芸社

フレンドの遺言状

——それでもあなたはワクチンを打ちますか？——

◎目　次

プロローグ……すべてはあなたの手の中に

フレンド、あなたはどうしてガンで死んだのだろうか……

全ての始まりは、たった一頭の犬の死でした。
フレンドは、雌のラブラドール・レトリーバーで、とても聡明な犬でした。海がとても好きで、何よりも家族を愛していました。犬や猫を飼っている方であれば、誰もが願うでしょう。彼らが健康であって欲しいと。そして、誰もが祈るでしょう。幸せであって欲しいと。家族同然だった彼女のガンが発覚したのは、彼女がまだ五歳という若さでした。

これから夏本番という七月の初め頃でした。最初は、腹部の辺りがふっくらとしてきました。ちょうど実家に帰っていた私がごはんを与えたので、ごはんのやり過ぎだと非難されたのを憶えています。それほど気にとめる必要もないと思っていましたが、数日もすると明らかに異常な状態だと分かるほどになりました。まるで妊娠をしているかのように腹部が大きくなっていったのです。腹水がパンパンに溜まった状態でした。フィラリア（犬糸状虫症）かな？　と最初は疑いましたが、予防薬をきちんと飲んでいたのでそんなはずはないと思い、すぐに動物病院へと連れていきました。

原因は分からず、腹水が溜まっているということでした。そこで、診断は大学の附属動物病院にゆだねました。

診断の結果は……〝悪性のガン〟でした。腹水の中の細胞は、ガン細胞で埋め尽くされていたのです。いつ死ぬかは分からないけれど、覚悟を決めておくようにと、そして場合によっては半月もつかどうかとまで言われたのです。先生が手術をとも考えたようですが、腹腔に針を刺すだけで心拍数が上昇してしまい、とても手術に耐えられるような状態ではありませんでした。フレンドは二つ年上の姉の犬だったので、その姉の落胆ぶりは相当なものでした。もちろん、私たち家族にとっても突然の出来事で、何をすれば良いのかと戸惑うだけでした。

その後は、とにかく彼女が楽に最期を迎えられるようにと努めました。

元気に笑うフレンドを見ていると、本当に死んでしまうのだろうかと思うことさえありましたが、時だけが自然に流れていきました。そして、気が付くと、なぜか彼女の腹部は徐々にですが、小さくなっていったのです。それは奇跡としか言いようがないものでした。私たちの目の前にいるフレンドは、昔の彼女に戻っていました。そして、手術を決行し、卵巣と子宮の全摘を行いました。もちろん病巣を採ったからといっても、安心は出来ませんでした。彼女がガンを抱えていたことは事実だったのです。ただ静かに時が流れてくれることだけを祈っていました。何度か腹水が溜ることもありましたが、穏やかに時を過ごしてくれたと思っています。

その当時は、フレンドの他にも犬が居ました。セントバーナードのノンノンです。彼女にもフレンドの病気が分かっていたのかどうかは、定かではありません。特別待遇だったフレンドにやきもちを焼くこともなく、優しいまなざしを向けてくれていました。このノンノンの存在も、フレンドにとっては大きなものだったでしょう。大好きな海に連れて行くこともありました。海には不思議な力があります。海からもらったエネルギーも、彼女の命の源になっていたのでしょう。しかし、ガンの宣告から六年間も生きるとは、誰が想像していたでしょうか？このフレンドの生命力はいったいどこから来ていたのでしょうか？

健康時の彼女の体重は、約二七キロでしたが、腹水が溜っていた頃の彼女は、なんと四〇キロにまでもなっていました。一三キロもの水をお腹に抱えていた彼女は、どんなにか苦しかったことでしょう。皆さんに想像ができますか？ 体重の五〇％もの水を抱える苦しみが。時々また妊娠したの？ と聞かれることさえありました。

しかし彼女は苦しいながらも、いつも笑っていたように思います。私たちとの残された生活を思う存分に楽しんでいたと思います。山に登ったり、ドライブに出かけたりと、いつも誰かと一緒でした。彼女の人生を考えると、もしかしたらガンで苦しんでいた時期の方がストレスもなく幸せだったのかも知れません。

ガンになる前の彼女の人生は、訓練競技会に出るための厳しい訓練、セラピードッグとして子どもたちと遊び、そして繁殖のために三度も飛行機に乗せられて……。今考えてみると、本当の幸せと引き換えに、彼女は自らガンという苦しみを選んだのではないかとさえ思えることがあります。そして、その勝ち得た幸せを守りたいと願う力が、彼女の生きるエネルギーとなったのでしょう。

彼女が一〇歳になった頃、胸腔にまでも水が溜まるようになりました。寝るために横になっても、胸を圧迫するために、とうとう横になることさえ出来なくなりました。眠いのにも拘らず、母の傍らで座ったままコックリコックリとしている時間が多くなってきました。彼女の最期を決める時が来たのです。

八月七日、〝花の日〟をその最期の日に決めました。誰もがいつまでもフレンドとの思い出を忘れることのないように……。

そして、静かにその短い生涯に幕をおろしたのです。

その当時、私はアメリカにいました。母からフレンドの安楽死を聞かされた時には、なぜかホッとしたことを憶えています。しかし、それと同時に、フレンドの死の原因に対する疑問がわいてきました。どうしても五歳という年齢での、ガンの発病に納得がいかなかったのです。それまでに飼われてきた犬たちと比べて、あまりにも弱かった彼女。同じように愛され、食事にも気を使い、そして定期的な混合ワクチンの接種も当然ながら行ってきたのにも拘らず、どうしてガンになったのでしょうか？ 他の犬たちとは、何が違ったのでしょうか？ 私の心には、いつまでもわだかまりが残りました。

ガンになった原因を調べている間に、様々な真実を目の当りにすることになりました。そして、今まで信じてきたワクチンへの疑問が生じてきたのです。最終的には、私たちが良かれと思って毎年のように行ってきた混合ワクチンが、実は恐ろしいものだったという事実を知ることになってしまったのです。

現在、毎年の混合ワクチンを接種することは、良い飼い主としての一種のステイタスのような存在になっています。それほど大切なワクチン接種が危険だと宣告することは、私自身の獣医師としての地位を揺るがしてしまうようで怖いことだと、当初は思っていました。私の心の奥底にそっと止めて置こうと思いました。私の家族の犬だけを混合ワクチンの弊害から守れば、それだけで充分だと思うこともありました。しかし、フレンドがそのことを喜ぶかどうかを考えた時に、私の得た知識を、そしてフレンドの死の真実を、世間に知らせる必要があるのではないかと思うようになりました。真実の扉を開いてしまった私には、その扉を閉める勇気がありませんでした。

もしもフレンドが言葉を話すことが出来たなら、彼女は最期にどんな言葉を発したのでしょうか？

そして、もしも文字を書くことが出来たなら、どんな遺言状を残したのでしょうか？

動物たちも生まれてくるうえで、何かの意味を持っているのならば、彼女のガンそのものに意味があったのではないでしょうか。

彼女が私を導いてくれた道そのものが、彼女の残してくれた言葉だと私は思っています。少しずつ、本当に少しずつ、その言葉の意味を探り続けてたどり着いた真実。その真実こそが、フレンドの残した遺言状なのです。

そして、この本はまさに〈フレンドの遺言状〉そのものなのです。
彼女の遺言状には何が書かれていたのか……。皆さんの目で確かめて下さい。

第一章　愛

あなたの愛があれば
何もいらない

フレンドのガンの原因は、食事、過剰ワクチン接種、ストレスなどが複雑にからみあって、ガン細胞が出来やすい環境を自然に作り上げてしまったことだったと感じています。特に彼女の場合は、姉との関係の中で作られていったストレスが最も大きかったのではないでしょうか。本書の二章から五章では、その原因となった事柄について、私なりの意見を交えながら、検証してみました。内容を読んだ時に、感じ方は個人によって異なることと思います。獣医師への不信感を抱く方、ウソだと思う方、戸惑いを感じる方……。

私は、今でも怒りを感じています。それは、自分自身への怒りであり、獣医師教育への怒りです。無知であることは、罪だと思いました。そして、その無知さを作り上げているのは、教育現場です。ステロイド剤を与えながら、混合ワクチンを接種する獣医師。てんかんを抱えている犬のためのワクチン免除を、飼い主に対してアドバイスができない獣医師。きちんとした教育がなされていれば、防げる行為です。

ワクチン接種についての考え方は、臨床現場で植え付けられていきます。お金しか念頭にない獣医師の元で育った若い獣医師は、一生何の疑問も抱かずに毎年の接種を強制し続けるでしょう。その逆に、海外の情報をしっかりと受けとめて、動物たちとその飼い主にとって最善の方法を探る獣医師の元で育った獣医師は、柔軟に対応をする能力を身につけるでしょう。そうした若手の獣医師の中から、きちんとした考えを持った人材が育つことを待つしかないのでしょうか。

ところで、私自身も、今の無知な獣医師たちと何ら変りはありませんでした。フレンドが私の無知さを教えてくれたのです。彼女が命をかけて私に教えてくれたのです。この章では、そんなフレンドの話を中心にしていきたいと思います。

新しい命との出会い

人との出会いと同じように、犬や猫たちとの出会いにも、どこか運命的なものを感じることがあります。おそらく、私の姉とフレンドとの出会いも初めから決まっていたのかも知れません。二人の関係を思うと、磁石のように引き合ったもののようでした。

我が家に居たノンノンは、身体が大きく、おおらかで、私の父の宝物でした。小さな頃に介癬(かいせん)をわずらい、ずいぶんと辛い時期もありましたが、両親の愛情を一心に受けて育ったノンノンは、ストレスとは無縁の犬でした。

大きな病気と言えば、焼鳥の串を過って飲み込んでしまい、緊急の手術をしたくらいだったように思います。その時も、結局は何も出てきませんでした。交通事故にあっても、相手の車の方がへこむくらいに強じんでした。セントバーナードという犬種のため、九州の暑い夏は辛いのではと思いましたが、真夏であってもしっかりと夏の暑さを感じさせた育て方が、彼女の長生きの秘けつだったのかも知れません。最近は室内飼いが多くなってきて、季節を感じる機会が減ったために、弱い犬が増えてきているように感じます。

姉は、ノンノンではなく、自分で育て上げた犬が欲しいと思ったのでしょう。当時、バイクを乗り回していた姉は、両親との交換条件として、バイクに乗るのを止めれば犬を飼ってもよいだろうということで、あっさりとバイクを止め犬を飼うことにしたのです。そして、ラブラドール・レトリーバーという犬種を選びました。

ペットショップでは、良い犬を選ぶことは不可能なので、ブリーダーから直接購入することにしました。犬関係の雑誌を開き、ラブラドールの出産状況を探しました。そして、ちょうど同じ九州でラブラドールの出産があることを知りました。ブリーダーさんは、大分県でラブラドールとゴールデンの繁殖を、長年に渡って行ってきた久保さんという方でした。電話での対応の仕方と久保さんの人柄が気に入って、久保さんの繁殖した子犬をもらうことに決めたようでした。

一九八七年一〇月二七日、ルーピーという名の雌のラブラドールから雄六頭、雌二頭の合計八頭の元気な子犬が生まれました。生まれた子犬、八頭のうちの一頭を育てることにしました。それが、フレンドです。ブリーダーの久保さんはとても優しい方で、現在の姉のパートナードッグたちも、久保さんが繁殖をしたラブラドールたちです。フレンドが作ってくれた縁は、十数年たった今も続いています。

いつもすばらしい犬たちを繁殖させてくれる久保さんの犬への想いは、彼女の育て方を見ていると自然に見えてきます。暇さえあれば、子犬たちに触っています。外からの刺激は、何も音だけではありません。五感の中の触覚を刺激することは、脳を育てます。身体に触れてあげることは、とても大切なことです。人の温もりと優しさを充分に身体にしみ込ませて育てられた子犬たちには、怖いものなんてありません。

さらに、コンクリートの上ではなく、土の上で子犬たちを自由に育てています。土をなめたり、雑草の上を走り回ったりして、自然に様々な微生物に触れていくのです。そうすることで、強い免疫力を作ってくれます。たくさんの太陽を浴びて、思いっきり遊び、ぐっすり眠るのです。ペットショップのガラスケースの中で、人工の光だけを浴び続ける子犬たちに比べたら、何十倍もの強い免疫力を持つことになるのです。

子犬をもらった後、ワクチンを接種するまでは土の上に置くなと言われます。いつか ら、こんなバカげたことが常識となってしまったのでしょうか？ あなたの庭は、そんなにも汚いのでしょうか？ 土まみれで遊ぶ子犬たちを見る時、久保さんの育て方は間違っていないと感じます。

この久保さんとの出会いも、やはり何かが手招きをしていたのかもしれません。フレンドが作り上げてくれた人々の輪は、色々な場面で姉を助けてくれました。フレンドが亡くなった後でも、姉の悲しみや苦しみを癒してくれたのは、フレンドのことを知るたくさんの友人たちがいてくれたおかげだと思います。

苦しみの時代

フレンドが子犬の頃は典型的なラブラドールで、食事中は人が足を床に置くことができないほどに、色々なものや家具を噛んでいました。そして、子犬らしく寝ているか、あるいはいたずらをしているかのどちらかでした。当初、古株であるノンノンは、新参者のちび犬をどう扱ってよいのか分からないようでした。七〇キロにもなる彼女にしてみれば、怖いもの知らずで、コロコロと動き回る物体には、戸惑うばかりだったでしょう。しかし、徐々にお互いが慣れていき、切っても切れない仲になっていきました。

昼間は、父の病院のベランダでいつも仲良く一緒でした。暖かな日は、庭で一緒に昼寝をして、ゆっくりと子ども時代を楽しんでいました。時々、ベランダから「ウオ～～～ン、ウオ～～～ン」と鳴く声が聴こえました。何も噛むものがないフレンドが、ノンノンの喉元に垂れ下がる皮膚に噛み付いていたために、ノンノンが出していた声でした。ノンノンは本当に辛抱強く、いたずらっ子なフレンドの子守役を立派に努めていました。

現在の姉はしつけ教室を開いているほどですが、フレンドを飼い始めた当初は、犬のしつけについての知識はなく、姉にとっては全てが初めての試みでした。基本的な服従訓練から始まり、ドッグショーに出るほどまでになりました。何もかもが初めてで、皆さんの中でも参加されていると思いますが、訓練競技会に夢中になりました。フレンドは元々盲導犬として使用される目的で繁殖された犬だったので、頭の良い犬でした。そのため、姉は良い成績を取ることに執着していきました。

フレンドは、二回の出産経験がありました。一回目の出産は、一九九〇年の冬のことでした。その時、フレンドは二歳を過ぎていました。

セントバーナードのノンノンとは違って、フレンドは雄犬にとてももてる犬でした。発情中は、絶えず柵越しに雄犬たちが集まっていました。ところが、私たちのちょっとした不注意から妊娠をさせてしまいました。お父さんが誰かは分かりませんが、一月二六日に、四頭の元気で真っ黒な子犬たちを産みました。

フレンドのお母さんぶりは立派なもので、四頭のいたずらっ子たちはすくすくと成長していきました。幸いにも、ご近所の優しい家族にそれぞれもらわれることになり、騒がしい生活からようやく解放された我が家でした。

フレンドを繁殖した久保さんのところでは、盲導犬協会の方へも子犬を提供していました。フレンドも血統的には盲導犬として優れた犬だったので、繁殖犬として将来盲導犬になる子犬を産ませるために、発情が来ると飛行機に乗せられていました。京都と横浜の盲導犬協会において交配を三度行いました。

犬や猫たちと旅行をしたいと思っている方々の一番のネックが、飛行機の客室に一緒に乗れないことです。動物たちは、手荷物として貨物室へと連れて行かれます。当然、フレンドも貨物扱いとなり、エンジン音の鳴り響く部屋の中に入れられました。その時彼女は何を感じていたのでしょうか。

盲導犬協会に着いた初日は、ウンチもオシッコも出来ないほどに緊張感でいっぱいだったそうです。コンクリートの上で生活をしたことのなかったフレンドにとっては、かなりの違和感があったのでしょう。もちろん大好きな姉と初めて離れたのですから、どんなに不安だらけで最初の夜を過ごしたのでしょうか。

交配の結果、一九九一年四月二三日に二頭の子犬を出産しました。二度目の出産だったので、フレンドの子育ても慣れたものでした。

一頭は、盲導犬になるために関西盲導犬協会へと、旅立ちました。ギルダと名付けられた子犬は盲導犬の試験に受かり、立派な盲導犬として障害者の目となり、働いていました。しかし、八歳の時に腎臓疾患のために、早期に現役を引退したそうです。

もう一頭は、チャッピーと名付けられ、名古屋の一般の家庭へともらわれていきました。彼女は一度の出産を経験し、現在は十四歳になっています。

ガンが発覚するまでのフレンドの五年間は、とにかく色々なことにチャレンジをさせられていました。訓練競技会やドッグショーへの参加、繁殖犬として子犬を産み、そして子どものためにセラピードッグとして働きました。でもそれはおそらく彼女が心から望んだことではありませんでした。それは、私の姉が望んだことだったのでしょう。

奇跡の犬

運命の一九九三年の夏が、やって来ました。

その年の夏は暑いものでしたが、フレンドとノンノンは、元気に庭を駆け回っていました。いつもと変わらないで過ぎて欲しかった夏、たくさんの出来事があり過ぎた夏、でした。

その頃の姉は、専門学校の講師をしていました。あまり浮いた話のなかった姉ですが、職場には好きな人がいました。デートの時は、もちろんフレンドがいける場所を選んでいたようです。フレンドも、姉のその男性への特別な想いには気づいていたのでしょう。時々、自分を置いて出かける姉の姿を見つめながら、彼女は不安感を抱いていたことでしょう。

その年の夏のある日、父の還暦祝いのパーティーのために、私は実家に戻っていました。姉に頼まれてフレンドとノンノンのごはんを与え（その当時はもちろんドッグフード）、その足でお祝いの会場へと駆けつけました。母が、父のためにと一生懸命に考えた還暦のお祝いの会でした。その日の父の挨拶で、ほろ酔い気分で嬉しそうに私たち家族の話をする父の顔が今も脳裏に浮かびます。

宴も終わり、家族みんなでフレンドたちが待っている我が家へと戻りました。そして、いつも通りに両親はフレンドとノンノンの散歩に出かけて行きました。どんなに寒い日であっても、疲れた日であっても、欠かさずフレンドとノンノンの散歩には、両親が一緒に連れ立っていました。ノンノンのための真っ赤なリードを引っ張るのは、フレンドの役目でした。ラブラドールという犬種は、根っからの仕事好きなのでしょう。本当に楽しげにグイグイとノンノンを引っ張っていました。両親は、その後ろからテクテクとついて行けばよいのです。たっぷりと一時間歩いた後は、ノンノンと一緒の部屋でゆっくりと朝まで眠りについて、一日が終わります。


その翌日、「ちょっとフレンドのお腹が大きくない？ また、ごはんいっぱいやったっちゃろう?」と前日のごはんを与えた私が責められました。フレンドのお腹の辺りを観ると、確かに少しふっくらとしていました。しかし、その時はそんなに気にすることもないと思っていました。大丈夫だと思っていた私は、長崎の仕事場へと戻って行きました。

数日後、実家から連絡がありました。やはりフレンドのお腹がおかしい、日増しに大きくなっていると言うのです。毎年予防薬を投薬していたので、フィラリアで腹水が溜まったとは考えにくいものでした。とにかく動物病院へ行くことが、先決でした。

いつも親身に相談にのってくれる近所の獣医さんへと、連れて行かれたフレンドの体重は、三〇キロを優に超えていました。検査をしても原因がはっきりしないということでした。

より詳しい検査をするために、大学の附属動物病院へとフレンドを連れて行きました。そして、悪性のガンだと告げられました。フレンドがガンだという診断を受けた時、ほとんど覚悟を決めていました。彼女の腹部の状態を見れば、尋常でないことは明らかでした。健康時の体重は二七キロ……。その体重が四〇キロまでになっていたのです。一三キロは、腹水です。ほぼ体重の半分の重さです。あなたの体重が五〇キロだとして、お腹に二五キロもの水が溜まったとしたら、どれほどの苦しみだったかはお分かりになるでしょう。

その日を境に、我が家の生活パターンはフレンド中心になりました。

フレンドは、姉に甘えたいのか、あるいはお腹が痛いのか、朝になるとクンクンと声を出してお腹をなでるように催促をしていたようです。姉は、肉体的に、そして精神的にもまいっていた時期でした。実家に帰るたびに、姉と私でフレンドを間にはさんで川の字になって、寝ることがありました。疲れきった姉の代わりに、朝になるとお腹を痛がるフレンドをずっとさすってあげていました。フレンドにしてみれば、痛みよりも、姉を独り占めにしたかっただけなのかも知れません。

ガンの宣告以来、フレンドは姉といつも一緒でした。海へ山へ、どんな時も二人一緒でした。姉と一緒の時のフレンドの顔は、いつだって輝いていました。獣医師から宣告されたタイムリミットを過ぎても、フレンドの食欲は落ちることもなく、むしろ元気でした。彼女の微笑む姿を見ていると、ガンの宣告は夢なのではと思うことがありました。しかし、彼女の大きなお腹を見つめた時、現実へと引き戻されるのでした。

暑かった夏も過ぎ、庭に落ち葉が積もる秋も過ぎました。そして、とうとう新しい年を迎えました。まさか新年を迎えることができるなど、誰が想像したでしょうか。そんな中、奇跡が起きたのです。大きかったフレンドの腹部が、少しずつですが、小さくなっていったのです。利尿剤を与えることも、そして注射で腹水を抜いたりすることもありませんでした。それなのに、フレンドのお腹はまるでそこに小さな穴が開いているかのように、ちょっとずつ小さくなっていったのです。

お腹がスッキリとした彼女の顔は、晴々としており、その姿からは誰も彼女がガンだとは想像が出来ないほどでした。完全に腹水がなくなってしまってから、手術をすることを決めました。手術はもちろん一つの賭けでしかありませんでした。お腹を開いた結果、右の卵巣にガンがあることが分かりました。彼女の腹水の原因はこれだったのです。そして、卵巣と子宮を取り除く手術を決行しました。

手術後のフレンドは、いつもの彼女に戻っていました。腫れ物を切った後の彼女からは、死を宣告された犬だとは誰にも分からないほどでした。フレンドがガンで大変だったことを一生懸命に訴えても、目の前にいるフレンドからは想像が出来ないほどに健康になっていたのです。

この当時のフレンドの首輪には、十字架がさがっていました。宗教心などない姉ですが、この時だけは神様にお願いをしたかったのでしょう。首輪に光る十字架は、最後の希望の光だったのです。

幸せな瞬間

父はよくフレンドたちを車に乗せて、近所の山へと登っていきました。ちょっと油断をすると、父と二頭の犬は姿を消し、二時間もしないうちにヘトヘトになった二頭が戻ってくるのです。私たちはガンを抱えていたからといって、決してフレンドを壊れやすいガラスのように取り扱うことはありませんでした。光を浴び、土にまみれる生活を心掛けていました。

お天気の良い日曜日には、朝早くからオニギリをにぎり、水筒には麦茶、そして車の後ろには犬たちを乗せて、様々な季節に染まる山々を目指しました。九重高原の色々な山を登りました。フレンドは家族みんなそろうのが嬉しいのか、私たちの前を歩き、行ったり来たりを繰り返しながら、登山を楽しんでいました。頂上で一緒にお弁当を食べて、帰りの車の中では夢を見ながら眠りにつく……。本当に静かな時が流れていました。

そんな時のフレンドには、自分がガンだという認識はどこかへ行ってしまうのでしょう。大好きな仲間に囲まれ優しさに包まれた生活は、心を満たし、不安感などどこにもなかったのです。余命半月と宣告されたフレンドでしたが、彼女の生きたいと願う力が免疫力をアップさせ、ガン細胞に打ち勝ったのです。

フレンドの元気の源は、自然に囲まれた環境にもあったと思っています。周りを見渡せば、たくさんの緑に囲まれています。そして、何といっても近くには海がありました。ちょっと車を飛ばすだけで、海へと連れて行けるほどの場所に住んでいるため、我が家の歴代の犬たちと海は切っても切れない関係です。ノンノンの前に飼っていたシェルティーのラブは、夏になると父のヨットにのって海風を満喫し、時に私たちと一緒になって沖で泳ぐこともありました。ノンノンは、あのでっかい身体を波打ち際に横たえて、ずっと居座り続けました。フレンドはその側でバシャバシャと走り回り、海からのエネルギーをもらっていました。そして、今の犬たちも海が好きです。

日本の国土の七割は、山です。神の国と言われる日本の山々は、小さな妖精たちの魂が宿っています。父が連れ出していた山にも、その魂が宿っています。森の木々を歩く中で、森に宿る〝気〟をフレンドももらっていたことでしょう。人間は山を崩して家を建て、海を埋め立て工場を建てます。美しいエネルギーに満ちていた日本の国土は、どんどん傷つけられています。そして、そのことを感じているかのように、皆さんの犬や猫たちのエネルギーも傷ついています。どうか彼らの健康を考えるのならば、環境にも配慮のできる飼い主になって下さい。

人間たちは、動物に癒され、自然に癒されています。では、私たちは彼らに対して何をしてあげられるのでしょうか。


若い頃から趣味として、姉は馬に乗っていました。フレンドのガンも落ち着いて余裕が出てきたのでしょう。自分の馬を購入するために、アメリカへと出かけて行きました。西部劇でよく目にするクウォーターホースは、¼マイル（クウォーター）を走らせたら、一番早い馬として有名です。ちょっと無骨に見える馬ですが、とても人に慣れるすばらしい品種です。西海岸のワシントン州のある牧場で姿かたちのよい馬を見つけ、その馬を日本へと連れて戻りました。

ケーシーと名づけられた彼は、近くの乗馬クラブへと預けられ、毎週のように姉はフレンドを連れて通いました。馬は人を見る目があります。馬との付き合いの中では、乗り手が尊敬されることは重要なのです。ケーシーはとても頭が良く、乗り手の心を察知する馬でした。そして、ケーシーには、ちゃんと姉が自分のことを見ていてくれるのが分かっていました。姉が「ケーシー」と呼ぶと、「ブブブ～～～」と答えるほどに、姉とケーシーとの絆は出来上がっていました。

当時、フレンドは八歳でした。手術後は、まるであの出来事がウソだったかのように、フレンドの体調は良かったようです。訓練競技会もなく、ストレスなど感じることはなかったのでしょう。

ところが、ケーシーを迎え入れた頃から、またお腹が大きくなっていったのです。やはり腹水でした。徐々に歩くのを嫌がるようになり、体重は三五キロにまで達していました。いつもの病院へ行き、腹水を抜いてもらいました。

その後は、姉の心配をよそに、何もなかったかのように普通の彼女に戻っていました。腹水を抜いたとしても再び溜まってくるのが普通ですが、結局それっきり何も起こりませんでした。おそらく腹水の原因は、馬のケーシーだったのでしょう。姉は、アメリカから連れてこられたばかりで早く慣れて欲しかったこともあり、ケーシーのことに夢中になっていたのかも知れません。姉に「私も居るのよ！ ちゃんと見て!!」とでも言いたかったのでしょう。フレンドは自分の身体を使って、心を表現していたのです。そして、きちんとそのフレンドの心に応えるように、姉は第一にフレンドのことを考えるようになっていったのでした。

姉とフレンドの間に出来上がった絆は、誰にも断つことは出来ないほどに強固なものになっていきました。

別れの涙

フレンドが亡くなる前年、一九九七年一〇月二五日、フレンドのよき相棒であったセントバーナードのノンノンの安楽死が行われました。後一ヶ月半ほどで一三歳の誕生日を迎えるところでした。原因は子宮蓄膿症の悪化でした。彼女が一〇歳を迎えた頃から、水をよく飲むようになり、子宮蓄膿症になっていることが分かりました。

ノンノンはセントバーナードで、近所にはシェパードくらいしか大型犬はいませんでした。過って妊娠するという確率は低いということで、避妊手術をしませんでした。後になって、ノンノンを避妊しなかったことを後悔しました。その時は将来の生殖器系疾患の予防を考えなかったのです。繁殖をする予定はなかったので、避妊をしておくべきでした。もしも避妊をしていれば、もう少し長生きをしていたのではと思うことがあります。

避妊や去勢は、望まない妊娠を防ぐだけでなく、乳ガン、子宮蓄膿症、精巣ガンといった生殖器系の病気の予防にもなります。きちんとした血統を残し、遺伝性疾患の予防が出来なければ、安易な繁殖をすべきではありません。自分の犬や猫の二世を望むだとか、子どもの情操教育のために犬の出産を見せてあげたいなどということは理由にはなりません。年間、いったいどれだけの犬や猫たちの命が失われているか、繁殖をする前に考えて欲しいと思います。

私たち子どもが手から離れてから、飼われた犬がノンノンでした。両親にとっては子どもも同然の犬でした。彼女が一三歳近くまで生きたのは、この両親の愛情があったからではないでしょうか。フードは、日本製の一〇キロで千円というものでした。彼女の食欲を考えたら、妥当な値段だったのかも知れません。そして、偶然にも狂犬病以外のワクチンは接種していませんでした。考えてみれば、その前に飼われていたシェルティーのラブも、混合ワクチンを接種したことはありませんでした。ノンノンとラブは、本当に健康でした。

ノンノンの死後は、でっかい彼女が居た空間に、ぽっかりと大きな穴が開いたようでした。ノンノンの死後、フレンドもちょっと寂しさを感じていたかも知れません。フレンドにとっては、ノンノンが一緒に居る生活が普通でした。私たちが想像している以上に犬や猫たちは、死に対して敏感です。人間が死を悲しむ時と同じように、動物たちへの心のケアも必要なのです。

八歳の時に頭をもたげてきたフレンドのガンは、しばらくおとなしくしていましたが、一〇歳を過ぎた頃から再び彼女の身体をむしばみ始めました。腹水が溜まるようになってきたのです。ちょっとした外出はあまり気にしませんでしたが、車で遠出をする時には、お腹を隠すためにコートを着せたりするほどに、目立っていました。妊娠というには、余りにも大き過ぎたお腹でした。

晩年のフレンドは、父の開業する病院の中が大好きでした。特にノンノンが亡くなった後では、独りにするのがかわいそうで、姉の仕事についていく以外では、いつも病院の中が彼女の居場所でした。夏の暑い日には、二階の階段の前が彼女のお気に入りの場所でした。開け放った扉から涼しい風が流れるのです。点滴をするために階段を上がってくる患者さんにしっぽで挨拶をし、終わったらお疲れ様とまたしっぽを振る……。

ちょっと手が空いた父は、花の手入れをする前にフレンドに声をかけていたでしょう。お茶菓子を片手に持った病院の職員が、フレンドを囲んで話をすることもあったでしょう。フレンドがいる空間には自然に優しい空気が流れていました。きっとフレンドは、色々な人たちに話しかけてもらいながら、残りわずかなその命の火を燃やし続けていたのでしょう。

フレンドが子犬たちを産んだのも、この病院の一室でした。

現在、その部屋はノンノンの寝室だった部屋とともに壁が取りはずされ、両親の娯楽室になっています。時々、彼女たちの匂いを感じるために、その扉を開けることがあります。姿はないけれど、今でもしっぽを振るフレンドとノンノンがそこにいるような、そんな気がします。

最後の数ヶ月間は、胸にまで水が溜まるようになりました。獣医さんが注射器でお腹と胸の水を抜くと血が混ざり、バケツ二杯もの水を身体から出すこともありました。二〇リットルに近い量です。その後には、お腹が空くのでしょう。姉に「お腹空いた!!」と訴えていたそうです。そして、一生懸命にごはんを食べていました。食欲だけは、最期まで衰えませんでした。ガン細胞に食べても食べてもエネルギーを奪われていたのですから、お腹が空くのは当たり前だったはずです。

水が溜まって、苦しくても、それでも彼女は生きたかったのでしょう。でも、そう何度も水を抜くことは体力の消耗にもなります。少し疲れた顔をするようになりました。さらに、胸に溜まる水は彼女の身体を圧迫し、横になることもできない状況を作り出していました。眠りたくても、眠れないのです。お日様を浴びながら、座ったままでコックリコックリとする時間が多くなっていきました。そばで見守る人間にとっては、辛い時が流れていました。

安楽死……、賛成の人。そして、反対の人がいるでしょう。人間にも尊厳死があるように、犬や猫であっても自分の意志で死を選ぶ権利はあるはずです。生かすのではなく、フレンドには生きて欲しかった。でも「もうイイよ。充分に生きることが出来たのだから、私は幸せだったのだから、もうイイよ」とフレンドが言っていたように思います。そして、安楽死をさせることに決めました。

一九九八年八月七日、大好きな姉の腕の中で、静かに息をひきとりました。享年一〇歳と一〇ヶ月。ガンに冒されながらも、懸命に生きた一一年間でした。

姉の希望から、フレンドの病理解剖が行われました。普通の飼い主であれば、かわいい犬や猫たちの身体にメスを入れるなんてと思うことでしょう。しかし、姉はフレンドの戦いぶりをその目で見たかったのでしょう。動物病院での解剖をお願いしました。

フレンドの胃以外のすべての臓器は、ガン細胞に冒されていました。肺臓、肝臓、脾臓、膀胱……。開けて診ることはありませんでしたが、脳もやられていただろうという結果でした。表面のフレンドの状況からは、想像出来ないほど身体の中はボロボロだったのです。人間だったら、どこまで耐えることが出来たでしょうか。

エンドルフィンという脳内物質があります。〝快〟を感じる時に脳から放出される脳内麻薬の一つです。姉と一緒に居るということが、喜びへとつながり、痛みなど感じることがなかったのかも知れません。〝生きる〟彼女は、まさにその人生を生きたのです。
フレンドは灰となり、ノンノンの眠るお墓に一緒に眠っています。

今でも、フレンドの話をする時には、涙が流れてしまいます。それは、悲しみではなく、自分の無知さへの腹立たしさからです。怒りの涙なのです。〝もしも〟ということは、考えるべきことではないでしょう。しかし、私にきちんとしたワクチンの知識があり、フードの危険性についての充分な知識があれば、彼女はガンになることはなかったのかも知れません……。もっと別な方法で、心を表現していたのではと思ってしまいます。

フレンドの死後、姉と両親は久しぶりにのんびりと旅行へと出かけて行きました。姉たちは、フレンドの看病で心身共に疲れ果てていたことでしょう。フレンドの思い出話をしながら、ゆっくりとその月日の流れを感じる旅となったのではないでしょうか。私たち家族にとっては、彼女との生活は心を痛めることもありましたが、やはり安らぎを与えてくれた家族の一員であったことは確かです。彼女の居ない空間に慣れるのには、ずいぶんと時が必要でした。しかし、いつまでも悲しむのではなく、そっとそれぞれの心の中にいつまでも変わらずに居続けてくれる……。フレンドはそんな犬だったと思っています。

いまだに、飼っている犬の名前を間違えて、〝フレンド〟と呼んでしまうことさえあります。そんな時は、フレンドが同じ空間にいてくれるような気がします。この本の原稿を書いている私の側で、「変なことは書かないでよ‼」と見つめてくれていることでしょう。


犬を飼うことは、しばらくは止めようと言っておきながらも、私たち家族は翌年の春には新しい子犬を迎えていました。その子犬もすでに六歳になっています。フレンドの死から、もうすでに六年以上もの歳月が流れていたのです。その間、私はとにかく必死でワクチンの害やペットフードの真実について調べて回りました。人間の手で作られたこれらの物質は、フレンドの身体には大きな負担となってガンに変異したと思うからです。

しかし、フレンドのガンの悪化は、おそらく心が一番の原因だったのでしょう。彼女の姉への強い想いが、ガンの症状となって現れたのでしょう。競技会はもう嫌だ。繁殖のために飛行機に乗せないで。その男性より私を見て。ケーシーばっかりを構わないで。

彼女はどうやって自分の思いを表現すればよいのか、分からなかったのでしょう。その辺は、とても不器用な犬だったのです。そして、彼女に可能な表現手段は、ガンになることだけだったのかも知れません。今でも、彼女は本当に不思議な犬だったと思っています。

痛みを抱えていながらも、フレンドはいつも微笑んでいたように思います。自分の人生に逆らうことなく、まっすぐに最期まで自分の意志を貫き通したフレンドは、私の目標でもあります。フレンドは、ただ私の姉との生活を楽しみたかったのです。いつも一緒にいるだけで幸せだった、ただ、それだけだったのです。その生活を保つために、自らガンという苦しみを選び、そして本当の幸せをつかみ取ったのです。

フレンドから姉への「愛」、そして姉からの「愛」が、フレンドの生きるエネルギーそのものだったのです。彼女の死を無駄にすることなく、彼女から授かった遺志を貫くことが、彼女への最高の供養になると思っています。

いつの日か、彼女に笑って会える日のために……。

今、新しい風が吹き始めている
あなたの作った風が静かに動き出している
今日の空は高く、あなたの場所へと続いているでしょう
さあ、犬たちを連れて、あなたの好きだった海へ行こう
たまった涙を海へ流しに行こう
あなたに会えて本当に良かった
ありがとう、フレンド
もう一度逢いたいから
さよならなんて、言わないよ……。

第二章　怒

苔むす岩に頭をのせて
眠るあなたはどんな夢を見るの？

アメリカ滞在中、私はいくつかの動物関係のボランティアをしていました。アメリカでは、ボランティアに参加する時には、必ず事前の講習会を受ける必要があります。一日講習会に参加したある日、その講習会のスピーカーの方が、ホリスティック医学の話をしてくれました。近頃では、日本においても「ホリスティック」という言葉を耳にすることが多くなってきましたが、その頃の私にとっては聞き慣れない言葉でした。

ホリスティックとは、「総合」や「全体」といった意味を持っているギリシャ語から来ています。西洋医学は、表面に出てきた症状に対して薬などを使用して、症状を緩和させることを主な目的とする対処療法です。熱があれば解熱剤を、せきをすればせきを止める薬を処方して、表面に現れた症状ごとに診断をして、治療を行います。

ホリスティック医学では、症状ではなく、患者そのものの全体を見て治療を行います。患者は性格、食事、生活環境、精神的ストレスなど、個々によって異なってきます。特に精神的な面を尊重するのが、その特徴としてあげられます。その治療方法には、鍼灸、漢方、アロマテラピー、バッチフラワーなどがあります。

日本の獣医療の世界でも、漢方や鍼を使ったホリスティック療法を行っている獣医師たちが出てきています。残念ながら、この本の中でこれからベールをはがしていく〝ワクチンの害〟について、指導のできる日本人のホリスティック獣医師は、まだそれほどいないのが現状でしょう。しかし、アメリカのホリスティック獣医学では、ワクチン接種が健康に大きな影響を与えると考えています。ただし、まるっきり接種を勧めないのではなく、その接種方法や接種間隔をきちんと考えることは、犬や猫の健康を考える時には重要だという視点に立っています。日本の獣医師のように、絶対に毎年接種しなければならないという強迫観念のようなものは持っていません。

現在の私は、なるべく余計な接種は避けるという方針を貫いていますが、数年前までは、普通の獣医師たちと何ら変わらない考え方をワクチンに対しては抱いていました。すなわち、混合ワクチンは毎年接種すべきものだと……。

典型的な獣医師だった私が、固い殻を破って、新しい世界の扉を開けるきっかけになったのは、ある人物との出会いからでした。

フレンドの死からしばらくして、一人のホリスティック獣医師と出会うことになりました。彼女との出会いが、私の考え方を一八〇度変えることになったのです。ある学会に参加した時に、その女性獣医師はホリスティック療法の一つであるホメオパシーの基本的な考え方について、話してくれました。彼女の話を聞いた後、フレンドについて話をするために彼女のところへと行き、フレンドが五歳という若さでガンになったことを話しました。

彼女は、食事について質問をして、その後に混合ワクチンの接種有無について尋ねてきました。私は、もちろん毎年きちんと混合ワクチンを接種してきたことを話しました。すると彼女から意外な返事が返ってきたのです。ガンの原因の一つとして、その毎年行ってきた混合ワクチンがあげられると言うのです。さらに、信頼しきっていたフードにもガンを引き起こす可能性のある添加物が含まれていることも説明してくれました。

その時は、どうして？　なぜ？　という疑問しかわき上がりませんでした。彼女の話だけでは、どうしても私は心から納得できなかったのです。毎年の追加ワクチンは接種すべきだし、市販のペットフードは栄養バランスのとれた完全食で、安全だとばかり思っていたのです。私にとってはショックな見解だったのです。私がフレンドの健康にとって良かれと思って行ってきたことが、すべて間違いだったのです。彼女との出会いの後、とにかくホリスティック関係の本、ワクチンに関する文献を読みあさり、色々な方面からの意見を聞き回りました。

真実を知りたいと思ったのです。

ある方向から見てみれば、ワクチンとは人類を感染症から救ってくれた救世主のような存在だと思うでしょう。ところが、別の方向から見れば、希釈したウイルスを直接皮下に注射して、一時的に感染させるのです。はたして犬や猫の身体にとって、良いことなのでしょうか？生き物の掟に逆らっているかのように思えるのです。

さらに、私たち人間は、子どもの頃に数回接種するだけで済んでしまうのに、どうして相手が犬や猫になると、毎年の追加接種が必要になるのでしょうか。子どもたちの三種混合ワクチンでは、犠牲が出た時点ですぐに接種をストップさせたのに、犬や猫で犠牲が出たとしても、どうしてそれに対して何も行動に出ないのでしょうか。人間社会の常識が、犬や猫の医療分野では通じないことがあるのです。そして、皮肉なことに、毎年の追加接種への免疫学的な理由など存在しないのが実情です。すべてが、営利目的のためなのです。

一生に一度で済んでしまうワクチンを毎年接種することで、ワクチンを製造する企業とそれを使用する獣医師は、莫大なお金を得ることが出来るのです。そして、混合ワクチンの中身が増えればそれだけ、危険性が出てくるにも拘らず、分けて接種することは面倒だから、あるいは他社と異なる製品を作る必要があるという理由だけで、ワクチンの中身をどんどん増やしていったのです。その結果、犬では九種混合ワクチンが、猫では三種（最近では五種もあります）混合ワクチンが一般的になってしまいました。

おそらく、フレンドの死がなければ、そしてホリスティック医療に出会わなければ、私もその他の獣医師と同じだったかも知れません。

この章では、歪んでしまったワクチン接種の裏側を覗いてみましょう。

混合ワクチンに関する新しい動き

まったく不必要なワクチン接種に対してせっせとお金を出している行為ほど、無駄なものはありません。さらに、お金を無駄にするだけでなく、皆さんが大切にしている動物たちをも危険にさらすことになるのです。最近、毎年のように繰り返されてきたワクチン接種の必要性に対して、疑問の声が聞かれるようになってきました。ただ単純に接種するワクチンから、動物たちの身体のことを考えるワクチン接種プログラムへとようやく動き始めているのです。

日本の犬や猫の飼い主さんは、毎年繰り返される混合ワクチンについて何の疑問も持たなくなっています。私たちの社会が、毎年の追加接種を当たり前のように受け入れてしまったために、様々な不都合が生じています。ワクチンを接種していないというだけで、ペットホテルの利用や動物病院への入院を拒絶されてしまうのです。皆さんがホテルに宿泊する度にワクチン接種の証明書の提示を求められますか？　緊急のオペが必要だというのに、ワクチンを毎年接種していないからという理由だけで、手術が出来ないということがありますか？

そんなにも彼らは不潔なのでしょうか？

そこら中にうじゃうじゃと、ジステンパーやパルボのウイルスが居るというのでしょうか？

知っていますか？　混合ワクチンの接種率を……。日本では二〇％にも達していません。接種していない犬や猫の方がはるかに多いのです。皆さんの隣の犬や猫のほとんどが、接種していないと思った方が良いでしょう。これが日本の現状なのです。


欧米での獣医療界の動きとしては、毎年の追加接種に対しては疑問の声を多く聞くようになりました。さらに、混合ワクチンのようにどんどん中身を増やしていくことは、アレルギー反応などの副反応の危険性が高まるだけでなく、不必要なワクチンまでも接種することになるということを指摘し始めました。

そんな動きの中、一九九七年にアメリカにおいて、第一回目の「ワクチンに関するシンポジウム」が開かれました。そして、以下のことが決められました。

1　最低でも三年ごとにワクチンを接種すること

このワクチンのシンポジウムの大会長であり、免疫学者でもあるシュルツ博士(Wisconsin-Madison 大学獣医学部病理学科教授)は、長年に渡って毎年の追加接種の不必要性を訴えてきました。毎年の接種は、免疫学的な意味など何もなく、一度もそのような証明はなされたことがないことを説いています。無駄なお金を動物病院に毎年落としていくことは、無意味だと嘆いています。

日本においては、毎年の追加接種が当然のように行われているのが現実です。三年ごとにワクチン接種が行われるようになると色々な問題が生じてくるでしょう。その第一の問題が、獣医師の収入減です。毎年、定期的に入ってきたワクチン接種による収入が、減ることは必須でしょう。しかし、収入減になるからという理由だけで毎年の接種が行われては、たまったものではありません。

2　追加接種の代わりに抗体価の検査を行うこと

追加接種の代わりに抗体価の検査を行うことで、抗体価が下がっているワクチンのみを追加接種の対象とすることができます。そして、無駄なワクチン接種を減らすことが可能になります。抗体価の検査は、ウイルスに感染しているかどうかをチェックするためにあるものだと日本の獣医師は思っています。どうして健康なのに抗体価の検査をするのかと、問いただすことでしょう。通常では行われない検査なので、ワクチン接種に比べると、一検体当たりの料金は高額になります。将来の健康を買うと思えば、安いものなのかも知れません。ただし、ジステンパーやパルボなどの気になるウイルスの抗体価だけで充分でしょう。すべて行う必要はありません。

3　病気や老齢の個体には、絶対に接種しないこと

一〇歳という老齢であっても、日本の獣医さんは平気でワクチンを接種することがあります。免疫力が低下するという理由から、接種を勧めるでしょう。しかし、それは裏を返せば、混合ワクチンへの反応も若い頃に比べると起きやすいということです。特にこれから老齢期になる動物であれば、充分な量のワクチンを接種してきたのですから、もう必要ないはずです。さらに、心疾患やアレルギーなどの明らかな疾患があるにも拘らず、ワクチン接種を行う獣医師もいます。ワクチン接種は、健康体が第一条件です。

4　周囲での流行を考慮すること

周囲での感染の状況に応じてワクチンを接種することは、人道的なことだと思います。これだけインターネットが普及して、瞬時に情報を得る時代になったのです。日本におい

ても、獣医師同士が感染症の発生状況について情報を交換することが大切になるでしょう。発生していない感染症に対してワクチンを接種することは、危険以上の何ものでもありません。

前述のことが決定した後でも、障害はたくさんありました。アメリカの獣医師たちは、良い顔をしなかったのです。それには、理由がありました。

日本と比べて混合ワクチンの接種率が高いアメリカでも、やはり収入減につながることを恐れたのです。毎年、確実に落とされていくお金が減るという理由だけで、首をたてに振らなかったのです。毎年の追加接種は、自然に飼い主を動物病院へと連れて来てくれる役目を持っています。葉書を送れば、当然のように病院へとやって来ます。追加接種がなくなれば、今までのようには飼い主は動物たちを連れて来なくなるでしょう。現在では、犬と猫の接種間隔は三年ごとになっています。お金に絡むことなので、これが浸透するには、時間が必要なのでしょう。

日本でも、きちんと勉強をしている獣医師であれば、三年ごとになっているという事実を知っているはずです。あるいは、単純に知らない先生もいるかも知れません。本当に犬や猫の健康を考えるならば、時間をかけてかかり付けの獣医師を説得したり、あるいは三年ごとに接種してくれる病院を探すべきでしょう。

良識ある病院が多くなり、そこに飼い主が集中することで、非常識な獣医師の意識を変えていくのです。ガンやてんかんを引き起こすようなことになってから、対処するのでは遅いのです。混合ワクチンを必要以上に接種しないことは、将来の健康にもつながっていきます。これからの良識ある飼い主は、なるべく混合ワクチンを接種しないようにすべきでしょう。

狂犬病ワクチンの安全性

皆さんは毎年接種義務のある狂犬病ワクチンをご存知だと思います。では、日本でどれほどの犬たちが、毎年の接種によって死んでいるかを知っていますか？　最近のワクチンは、改良されてずいぶん安全性が高くなりましたが、それでも一年間に五、六〇頭近い犬たちが死んでいるのです（「東獣ジャーナル」調べ）。毎年のように接種されるワクチンだからこそ、本当はもっと安全であるべきでしょう。毎年の強制接種の裏で、たくさんの犬たちが犠牲となっています。これと同じことが人間の子どもたちで起きていたら、世論はどうするでしょうか？　新聞では大きな記事として取り扱い、即、接種に待ったをかけるでしょう。しかし、相手が犬となると話は別です。結局のところ、人間が優先をされる世の中なのです。

一歩先を行くアメリカでは、州ごとに狂犬病を接種する間隔が異なります。毎年接種する州もあれば、二年や三年ごとの州もあります。現在では、ほとんどの州で三年ごとになっていますが、いまだにアラバマ州では毎年の追加接種が義務となっています。ところが、不思議なことに、アラバマ州で接種されているワクチンとその他の州で使用されているものは、実は中身は一緒なのです。（What Vets Don't tell You About Vaccines O'Driscoll C. Abbeywood Publishing Ltd.）そこには、ワクチンの有効性に関する試験のカラクリが隠されているのです。

毎年接種するアラバマ州での試験の場合、試験に使う犬に狂犬病ワクチンを接種します。そして、ちょうど一年後に狂犬病に感染させるのです。そこでワクチンを接種した犬が感染するかどうかを試験するのです。感染しなければ、一年間有効だということになるのです。三年ごとの場合、一年後ではなくて、ただ三年後に感染実験をするだけなのです。そして、感染しているかどうかを試験するのです。毎年接種させられている狂犬病ワクチンが、その他の州では三年ごとに接種させられているのです。結局のところ、相手が動物になると健康や安全面は二の次になるのでしょう。

現在、日本の法律では、狂犬病ワクチンは毎年接種することが義務づけられています。一九五七年以降、日本では狂犬病の発生がないにも拘らず、毎年の接種が義務づけられています。そして、毎年接種する必要があると言われているものなのに、毎年多くの犬たちがこのワクチンの犠牲となって死亡しています。この数字は、表に出ているものなので、裏ではもっと多くの犬たちが因果関係不明と処理されて、死んでいるでしょう。狂犬病ワクチンを接種してから一、二週間後に起立不能になったりてんかんを引き起こしたりしたとしても、ワクチンが原因だと言う獣医さんはいないでしょう。

狂犬病は恐ろしい伝染病であり、毎年諸外国では多くの犠牲者が出ています。決して無視の出来ない伝染病です。検疫の体制が充分でない日本では、アライグマなどによって持ち込まれる可能性は否定出来ません。狂犬病ワクチンは必要なものでしょう。しかし、きちんとした調査を行わないで、闇雲に接種し続けるのには疑問が残ります。法律上で決めるのであれば、やはりどれだけ抗体が持続するのかを明らかにすることは大切です。

人間への健康を考えるだけの時代は終わったのです。動物への影響を考慮に入れた狂犬病ワクチン接種の方法を考える時代になったのです。私たちは二〇〇三年の八月に「狂犬病ワクチンを三年に一回にする運動」を始めました。皆さんの犬、そして将来の犬たちの健康のために、どうか考えて下さい。どれだけ多くの犬たちの命を救うことになるのかを……。

参考までに、二〇〇一年のアメリカでの狂犬病の発生例は、七、四三七例でした。その内訳は、アライグマが三七・二％、スカンクが三〇・七％、コウモリが一七・二％、キツネが五・九％、ウサギなどを含めたその他の野生動物が〇・七％でした。犬、猫、牛を含めた家畜では、六・八％で、四九七例の発生がありました。犬での発生は、減少傾向にあるようですが、猫では増加を示しています。

狂犬病予防注射事故犬
（東京都の集合注射において）

	事故の状況
1	顔面浮腫
2	注射２日目に歩様異常、 ３日目に起立不能 因果関係不明
3	接種後下痢、おう吐
4	注射後２日目から下痢、 おう吐
5	注射後２日目から食欲消失、 ４日目に起立不能 ５日目死亡、因果関係不明
6	注射後５～６時間後虚脱、 貧血、接種部位の腫脹

※No.５以外は、数日から１ヶ月で回復しています。

（平成11年度データ）

洗脳された社会

現在の日本では、混合ワクチンを接種していない犬や猫たちの立場は、とても肩身の狭いものです。一年以内にワクチンを接種していないという理由だけで、様々なことが制限されてしまいます。しつけ教室、訓練競技会、ドッグラン、ペットシッター、ペットホテル、動物病院への入院、トリミングなど、あげ出したらきりがありません。それほど、混合ワクチンを接種する行為は、当然のものになってしまったのです。

しかし、考えてみればおかしなものです。トリミングは、人間で言えば美容院へ行くようなものでしょう。皆さんが髪を切りに行く度に、小さな頃に接種したワクチンの証明書が必要でしょうか？ドッグランに入るのにワクチンの証明書が必要なのに、どうして公園に入るのには必要がないのでしょうか？ドッグランと公園とでは、何が違うのでしょうか？皆さんが病院に入院をする時、一年以内にワクチンを接種していないと入院が出来ないことがありますか？犬や猫の医療の世界は、なぜかおかしな方へと向かっているようです。ほんの数年の間に、毎年接種しなければならないと、洗脳させられてしまったのでしょう。私もその洗脳を解くのに随分と時間が必要でした。

この洗脳にはいくつかの原因があります。現在は、書店に行けば犬や猫に関する書籍があふれています。どの本を見ても、感染症の予防方法が載っていて、子犬や子猫の頃の接種方法が説明してあり、最後に年に一回の接種が必要であるとくくられています。その理由は単純に免疫力が続かないからだと説明を加えて……。

さらに、動物病院の先生からは、必ず毎年の追加ワクチン接種は必要だと強迫されるために、飼い主側は何の疑問も持たずに、葉書が来ればそれを持って、いそいそと出かけて行くのでしょう。まるで、買い物にでも出かけるかのように。そして、その数週間後、あるいは数ヶ月後にてんかんやアレルギーの症状を現わすようになったとしても、ワクチンとの因果関係を考えることはないでしょう。運命だと受け止めるしかないのです。仕組まれたワナだとも知らずに……。

私は、自分の目でフレンドが苦しんできた姿を見てきました。そして、その苦しみの原因の一つが、混合ワクチンの過剰接種だと確信しました。フレンドがいなければ、私自身もこの洗脳を解くことは難しかったでしょう。皆さんの犬や猫が、ガンになったり、てんかんを引き起こしてからでは、遅すぎるのです。長年叩き込まれてきた思い込みをなくすことは、大変なことでしょう。企業や獣医師を信じてこれからも接種し続けるのか、そして、フレンドの言葉を信じて接種を止めるのか、その選択権は皆さんにあるのです。決して、獣医師が決めることではありません。

追加接種に潜む企業の企み

人間は、毎年接種するようなワクチンがないのに、どうして犬や猫は毎年接種する必要があるのかと誰もが疑問に思っていることでしょう。どうしてなのでしょうか？　免疫学的な意味があるものだと思いがちですが、実は何の意味もないのです。

少し昔にさかのぼってみましょう。三十数年ほど前、狂犬病ワクチンを除いて、ワクチンと言えば、それはジステンパーのことでした。その当時、子犬の頃に一回接種すれば充分だと考えられていました。ワクチンを製造している会社としては、どうにかしてワクチンからの収益を上げたいと思うでしょう。そして、ワクチン製造会社は次のように考えました。一生涯で一回だったワクチンを、一年に一回にすればどうなるだろうかと……。

ちょっと考えてみて下さい。子犬や子猫の時期だけに一、二回の混合ワクチンを接種した場合と、それ以後毎年死ぬまで接種させられた場合とでは、どれだけの違いがあるのでしょうか。単純に一〇年間生きたとすると、後者の方法では少なくとも一頭から一〇回分のワクチン収入が得られます。一頭からたったの一回だけに比べて、その収入は一〇倍に跳ね上がるのです。

ある雑誌の記事によると、犬の混合ワクチンの値段は、動物病院によってかなりの格差があるようです。安い所では三千円のワクチンが、別の病院では三万円になるのです。動物病院は自由診療なので、このような格差が出ても仕方のないことなのでしょう。三万円を混合ワクチンから徴集している動物病院だと、単純に毎年にすることでなんと三〇万円もの金額を一頭の犬から得ることが出来るのです。それにしても、ひどいものです。悲しくなってしまいます。

数十年前から始まった毎年の追加ワクチン接種は、科学的な評価はありません。ほとんど例外なく、毎年の追加ワクチン接種への免疫学的な意義などありません。ウイルスへの免疫は、数年間、あるいは終生持続するのです。

獣医師にしてみれば、とってもおいしい収入源になる混合ワクチンが、最低でも三年に一回になることは一大事件です。しかし、本当に動物たちのことを考えて診療をしてくれる病院であれば、皆さんの心にきちんと応えてくれるはずでしょう。皆、動物が好きなのですから……。

全部一緒はとっても楽だ

現在の犬の混合ワクチンでは、最高で五種類のウイルスと三種類の細菌が、そして猫の混合ワクチンでは、四種類のウイルスと一種類のリケッチャ（微生物）が含まれています。ワクチン製造会社は、他社とは異なる新しいワクチンを開発しようと一生懸命です。そのために、どんどんワクチンの中身を増やしていったのです。混合ワクチンは、決して犬や猫たちの健康を考えて開発されたものではなく、ワクチン製造会社の利益のためだけなのです。その結果、中身が増えたことで、不必要なワクチンまで接種することになるのです。

混合ワクチンでは、中身が増えれば増えるほど副反応の危険性が増します。ジステンパーと伝染性肝炎を予防しようと思ったら、三種混合ワクチンを打つでしょう。犬たちの身体を考えたら、ジステンパーと伝染性肝炎のワクチンを別々に接種することが理想です。混合ワクチンよりも値段が高くなるうえに、二回も動物病院を訪れる必要が出てきますが、安全性は高くなります。

この本では、基本的に混合ワクチンについて書いています。しかし、皆さんがご存知のように、狂犬病ワクチンも存在します。これは任意ではなく、接種義務があります。よく耳にする言葉があります。この狂犬病ワクチンと混合ワクチンを一緒に出来たら、どんなにか楽だろうと……。何と恐ろしい言葉でしょうか。

確かに一緒に全て出来たら、飼い主にとっても獣医師にとっても、非常に楽です。でも、接種される犬たちのことは、何も考えないのでしょうか？ ワクチンはその種類が増えれば、増えるほど危険性が増します。犬や猫たちの身体への負担は増すだけなのです。人間は、いつから楽ばかりを考える生き物になってしまったのでしょうか。とても悲しいことです。別々に接種することは、犬や猫の健康を真に願うならば、最も大切なことなのです。たとえそこで余分にお金が必要となったとしても、将来、病院へ落とされていくお金は確実に減るでしょう。

そしてさらに恐ろしいことは、すでに狂犬病ワクチンを含んだ混合ワクチンを製造して、その有効性の試験までも行われているのです。このような恐ろしいワクチンが市場に出回ったなら、何も知らない飼い主は便利になったと喜ぶでしょう。そして、自分たちの手で動物たちに爆弾を仕掛けていくのです。いつ爆発するかは分からない爆弾を……。

接種時の注意

一番に考えなければいけないのは、健康かどうか？です。熱があったり、過度な運動をした時には、接種を避けるべきです。さらに、犬や猫が心疾患やアレルギーで苦しんでいるような場合でも注意が必要でしょう。特にアレルギーは、免疫とも深い関係がある疾患です。ワクチン接種によって、アレルギーをさらに複雑なものにしてしまう可能性も出てきます。

あるウイルス性製剤の使用上の注意には、次のようなことが記載されています。
・健康な動物に使用すること
・必ず健康状態を観察し飼い主からの稟告(りんこく)を得て、次のいずれかに該当すると認められた場合には、注射を行わないこと
重篤な疾患にかかっていることが明らかなもの
以前にワクチン接種により、アナフィラキシー等の異常な副反応を呈したことが明らかなもの

重篤な心不全状態にあるもの並びに急性期、憎悪期の腎不全状態にあるもの

妊娠中のもの

・一年以内にてんかん様発作を呈したことがあることが明らかな場合、あるいは強度の興奮状態にあるものでは、慎重に投与すること

二番目は、ワクチンを接種する時にはなるべくストレスのない状況で行うことです。病院嫌いの子であれば、病院そのものがストレスになってしまいます。心のストレスは、免疫とも関係があることが分かっているので、なるべく精神的な負担を減らすようにしましょう。心だけでなく、肉体的なストレスにも気を付けます。夏の暑さは、特にストレスとなります。七月や八月の真夏にワクチンを接種するのは避けましょう。どうしても接種する必要がある場合には、昼間の暑い時間帯を避けたり、往診を頼んだりしましょう。

三番目は、可能であればできるだけ単味のワクチンを接種することです。混合ワクチンを、避けるようにすることが重要になります。中身が増えれば、それだけリスクが増すことを憶えておいて下さい。しかしながら、場合によっては単味のワクチンがないので、混合ワクチンを接種せざるを得ないこともあります。例えば、猫のワクチンであれば、パル

ボウイルス感染症（汎白血球減少症）に対するワクチンのみで充分なのですが、残念なことに三種混合ワクチンしかありません。また、絶対に狂犬病ワクチンとその他のワクチンを同時に接種しないように。そんなことをしたら、必ず不幸な結果になるでしょう。

最後に、ワクチン接種の前後でしっかりと免疫を高めておくことです。ビタミンA、B、C、そしてEは、免疫を増加してくれます。牛の初乳（トランスファーファクター——免疫増加作用）を製品にしたものも出回ってきています。さらに、キノコ類やブロッコリー（特にスプラウツ）も、免疫増加を促してくれるので、ワクチン接種を行う三、四週間前後は、食事にも気を付けてあげて下さい。

こんなことまで考えながらワクチンを接種するなんて、面倒だと思う方がいるでしょう。しかし、それくらいワクチン接種とは危険だということを認識して下さい。今までの接種の仕方があまりにもひどすぎたことを再度認識して下さい。

皆さんが利用している獣医師は、ワクチン接種の度にきちんと健康診断を行っていますか？ 皆さんの犬や猫がアレルギー性疾患を患っているのが分かっているにも拘らず、何の疑問も抱かずにワクチンを接種させられてはいませんか？ ひどい獣医師になると、病気のために入院が必要な時でさえもワクチン接種を強要します。避妊や去勢手術をするには、ワクチンを接種していないと手術さえしてくれません。そして、その場でワクチンを接種してから、その直後に手術をするなんてことも現実にあります。ワクチンを接種したからといってすぐに抗体は出来ません。最低でも二週間は必要なのです。何のためのワクチンなのでしょうか？

どこかで歯車が狂ってしまい、その本当の意義が分からなくなってきているのでしょう。

現在のワクチン接種

以前は闇雲に接種させられてきたワクチンですが、現在ではコアワクチンとノンコアワクチンに分けられています。コアワクチンとは、六ヶ月齢以下のすべての子犬・子猫に必須とされるワクチンのことです。そして、ノンコアワクチンとは、地域の発生状況など、必要に応じて接種するワクチンのことです。

犬においては、パルボ、ジステンパー、アデノウイルス、狂犬病のワクチンが、コアワクチンになります。それ以外のワクチンが、ノンコアです。猫においては、パルボウイルス感染症、カリシウイルス、ヘルペスウイルスが、コアワクチンです。

猫においては、今まで通りに三種混合ワクチンを三年に一回の間隔で打っていくことが理想でしょう。犬においてはコアワクチンを接種しながら、夏場にキャンプに行くのであれば、レプトスピラを接種。そして、競技会やドッグショーなど犬が多く集まる場所に連れ出すようであれば、パラインフルエンザを接種。といった具合に、その状況に応じて、必要なものだけを接種することが大切になります。これまでの接種の方法は、あまりにも犬や猫の身体を考えない方法だったのです。

では、現在の犬と猫の混合ワクチンの中身は、どんな種類のものが含まれているのでしょうか。接種する場合に、ワクチンについての知識があると役に立つでしょう。

犬の混合ワクチン

【犬ジステンパー】

最も重篤な犬の伝染病の一つでしょう。死亡率も非常に高いものです。感染は、呼吸器、胃腸器系、神経系に影響を与え、発熱、せき、鼻汁、下痢、ひきつけなどの症状を呈します。回復後は、神経症状が後遺症として残るでしょう。

【犬パルボウイルス感染症】

一九七八年に発見された、犬の疾患では新しいウイルス感染症です。この感染症は、消化器系（腸炎型）と心臓（心筋型）に対して影響を与えます。腸炎型では、重度のおう吐と水様性の下痢を引き起こします。心筋型は子犬の心臓にダメージを与え、死亡率が非常に高いです。

＊キャバリアへの接種には注意が必要です。接種後に、心疾患を引き起こしたり、血小板減少症を引き起こしたりするケースがあります。

＊＊猫にもパルボウイルス感染症（汎白血球減少症）があり、猫のパルボウイルスが

変異して犬パルボになったと言われています。この引き金になったのは、皮肉にも犬へのワクチン接種だと言われています。犬ジステンパーワクチンのウイルスを培養する過程で、猫の腎臓を使用します。その猫の腎臓が猫パルボに感染していたのです。そして、培養の過程で変異を引き起こし、新しいタイプのウイルス、すなわち犬パルボウイルスを生み出してしまったのです。ワクチンは、新しいウイルスを生み出す危険性があるのです。

【アデノウイルス1型感染症（犬伝染性肝炎）】

アデノウイルスには、1型と2型の二つのタイプがあります。アデノウイルス1型は犬伝染性肝炎で、肝臓にダメージを与えます。以前は、ワクチン接種によってブルーアイという角膜の白濁を引き起こすために問題となっていましたが、現在は2型ワクチンによって同時に予防が可能となっています。

【アデノウイルス2型感染症（犬伝染性喉頭気管炎）】

アデノウイルス2型は、パラインフルエンザウイルスやボルデテラ（細菌）と同じようにケンネルコッフと呼ばれ、せき、鼻水、発熱といった呼吸器疾患を引き起こします。

【パラインフルエンザウイルス】

前述のアデノウイルス2型感染症と同じで、ケンネルコッフと呼ばれ、呼吸疾患を引き起こします。ケンネルコッフは、名前の由来通り、集団内で広がっていく感染症です。せきやクシャミなどの飛沫から感染するので、競技会やドッグショーなどの犬がたくさん集まるような場所へと出向く場合には、必要な場合もあるでしょう。しかし、パラインフルエンザウイルスとアデノウイルス2型ウイルス以外のボルデテラ（アメリカにはワクチンあり）やマイコプラズマなど、ワクチンの開発されていない他の微生物からの感染もあり得ます。ワクチン接種よりは、免疫を強化するなどの別の対策を講じた方が、犬にとっては安全でしょう。

【犬コロナウイルス感染症】

犬コロナウイルスによる伝染病です。軽い胃腸炎の症状を示してから、回復します。幼弱犬の場合には、パルボウイルスなどとの混合感染のために、症状が重くなることもあります。

【レプトスピラ症】

レプトスピラはウイルスではなく、細菌です。全世界には二五〇種類以上もの血清型があります。感染動物（ネズミや犬）の尿中に細菌が排泄され、水田、沼地などを汚染して、その水を飲んだり、あるいは足の裏の傷から感染したりします。尿毒症、腎炎などを引き起こして、犬が保菌動物となるカニコーラ型、人のワイル病の原因となり黄疸などの症状を起こすイクテロヘモラジー型、コペンハーゲニー型、さらに秋季レプトスピラ症の原因となるヘブドマディス型に対するワクチンが存在します。

　このレプトスピラのワクチンに関しては、ノンコアワクチンなので、状況に応じて接種することが大切になります。不活化ワクチンのため、接種後に最もアレルギーが起きやすいでしょう。特に子犬においては、接種をしないような方向性を考えた方が安全です。最近流行りのダックスフントは特に反応を出しやすいので、注意が必要です。レプトスピラを含んだワクチンを接種した後では、安全を考えて最低一時間は動物病院で様子を見てから、自宅に連れて帰ることをお勧めします。

　七、八種の混合ワクチンには、レプトスピラが含まれています。最もアレルギー反応が起きやすいこれらの混合ワクチンは、犬の身体にとってはよくありません。絶対に接種は避けましょう。接種をする場合には、レプトスピラのみのワクチンを接種します。さらに、接種する時には投与量を調節してもらうことが大切です。セントバーナードなどの大型犬であっても、チワワなどの超小型犬であっても、同じ量を接種させられています。しかし、レプトスピラに関してはこの接種方法は避けます。カリフォルニアで長年にわたってワクチンの問題を研究している獣医師のダッツ先生は、非常に危険だとホリスティック獣医学会で述べています。小型犬であれば全量を接種せずに、半分以下の量を投与してもらうようにしましょう。

また、ウイルスワクチンとは異なり、免疫が持続しません。長くて半年間、短い場合だと二ヶ月しか持続しません。接種時期を過って接種すると、無意味なものになってしまいます。

猫の混合ワクチン

【猫パルボウイルス感染症（猫汎白血球減少症）】

猫のパルボウイルスが原因の感染症です。高熱、おう吐、下痢などの症状を呈し、白血球数の著しい減少が起こります。妊娠中の母猫が感染すると流産や異常出産を起こすこともあります。現在の猫のワクチンにおいて、必ず接種すべきものでしょう。

【猫ウイルス性鼻気管炎】

ヘルペスウイルスによる感染症で、猫風邪と言われています。元気や食欲がなくなり、進行すると発熱やせきを伴うようになります。子猫や老猫などは、注意が必要でしょう。

【猫カリシウイルス感染症】

ウイルス性鼻気管炎と類似の症状を呈し、日本での疫学的調査では、上記のヘルペスウイルスよりもカリシウイルスの方が分離されているという報告があります。

【白血病ウイルス】

これは、必要のないワクチン接種です。二〇〇三年のアメリカホリスティック獣医学協会の年次大会のスピーカーで、免疫学者である前述のシュルツ博士は、ワクチンの代わりに生理食塩水を接種した方が、安全でしょうと同大会で語っていました。

【クラミジア】

クラミジアは、リケッチャというウイルスと細菌の中間の微生物によって引き起こされる感染症です。猫では激しい結膜炎が主な症状です。クシャミやせき、鼻水などの呼吸器症状も見られます。

内分泌のアンバランス

ワクチン接種時において、ホルモン状態に対して注意を向けることはあまりないでしょう。獣医師は、病気の動物に対してはワクチンを接種してはいけないということは分かっています。しかし、ホルモン変化に対しても同じように注意を払うべきでしょう。ホルモンの影響により、自己免疫疾患の引き金となることもあるからです。

ホルモンの変化とワクチンを考えた時に、発情中とその前後の雌、妊娠中の雌、授乳中の雌への接種は、避けることです。ワクチンはホルモンへも影響します。子犬や子猫への移行抗体を考えて、妊娠中の雌犬や雌猫へのワクチンを接種するブリーダーがいますが、非常に危険な行為なのです。流産や早産などを引き起こすし、虚弱な子犬や子猫が生まれてしまうこともあります。ワクチンの使用上の注意においても、妊娠中の動物には接種をしないようにと明記してあります。ブリーダーへの教育が必要なうえに、一回だけという安易な繁殖をするような場合には、聞きかじりで妊娠中にワクチンを接種する可能性が出てくるでしょう。さらに、発情中の雌への投与では、繁殖障害を引き起こすことがあります。

私たちがワクチンを接種する時、動物たちの健康のためと思って接種を受けさせます。しかし、そのワクチンが内分泌系に影響を与え、結果的にワクチン接種によって期待される抗体を作れなくなるとしたら……。ワクチンを接種する意味があると思いますか？

前述のダッツ先生によると、近年、甲状腺疾患が多くなってきていることを警告しています。甲状腺は、体内代謝をコントロールする重要な器官です。アメリカの例では、この甲状腺の機能が低下していると、攻撃行動とてんかんを発症しやすいことが分かっています。そして、この甲状腺機能低下とワクチン接種との因果関係が、問題視されています（二〇〇四年　アメリカホリスティック獣医学協会年次大会）。

ワクチン接種は、一〇〇％保証されるものではありません。ワクチンを接種しても、個体によっては抗体を作れない場合があります。これには、免疫が反応しても低い抗体しか作れない場合と、まるっきり免疫が応答しない場合があります。このようにワクチンに対して反応を出来ない個体では、甲状腺の機能が落ちていることが多いようです。これは、遺伝的に甲状腺に問題を抱えていることもあります。しかしながら、確実にその数が増えていることは、明らかです。

その増加の原因の一つが、ワクチン接種です。アメリカにおいては、ペットとして飼われるアライグマに対しては、狂犬病とジステンパーのワクチンを接種させています。そして、そのペットのアライグマにおいて、野生のアライグマでは症例がほとんど報告されていない、甲状腺炎を発病するアライグマが増えていると言われています。これは、何を意味するのでしょうか？　むろん、野生とは異なる餌などが影響を与えている場合もあるでしょう。しかし、ワクチンの可能性も否定は出来ません。

前述のようにワクチンに反応しない個体では、ウイルスの攻撃を受けやすいことを忘れないで下さい。裏を返せば、ワクチンを接種してもジステンパーやパルボに感染する機会が、他の個体よりも高いということです。抗体価を測定して、値が低ければ、一度甲状腺の検査をした方が良いでしょう。そして、犬の問題行動を扱う方たちの間では、原因が分からない攻撃行動を見せるような場合、飼い主に対して甲状腺の検査を勧めることも大切になるでしょう。

ペットショップの功罪

真夜中過ぎまで営業しているペットショップがあるということで、友人を連れて覗きに行ったことがありました。夜中の一二時をとっくに過ぎているというのに、店内にはあふれるほどの人がいました。店内は、天井高くまでガラスケースが積まれていました。小型犬ブームのために、四〇万円以上もするチワワの幼犬が蛍光灯の下でキャンキャン鳴いていました。その鳴き声は、私には「お母さんはどこ?」「怖いよう」「ここから出して」と言っているように聞こえました。店内の様子を見ていた友人は、途中で我慢が出来なくなり、店の外で泣いていました。彼女は動物の世界とは無縁の人で、ペットショップに入ったのも初めてでした。そんな彼女がショックを受けるほどに、そのペットショップの子犬や子猫たちは悲惨な状況だったのです。

ペットショップでは、手っ取り早く子犬や子猫を買うことが可能です。小さくてコロコロとした子犬や子猫は、見た目にもかわいいものでしょう。しかし、この子犬や子猫たちの日齢は、四〇日未満がほとんどです。そんな小さな子犬や子猫たちは、ちょっとした環境の変化に弱く、ウイルスや細菌への感受性が高くなります。そして、ペットショップから買ってきて数日以内にパルボやジステンパーになり、死亡してしまうケースがあります。潜伏期間などを考えると、明らかにペットショップで感染している場合が多いのです。

では、この問題を解決するには、四〇日齢以下という未熟な時期に販売するのではなく、もっと成熟してからと考えるのが普通でしょう。ところが、二ヶ月齢を過ぎた子犬や子猫を展示すると売れないのです。最も購買意欲をかりたてるのが、四〇日前後なのです。そして、こんな未熟な個体でも接種のできるワクチンを開発したのです。ダッツ先生は、免疫系が未熟である子犬や子猫へのワクチン接種は危険だと説いています。接種義務となっている狂犬病ワクチンは、三ヶ月以上での接種になっていることからも、危険なものであることは明らかです。

それにペットショップで生体販売と称してガラスケースに入れられる行為そのものが、子犬や子猫にとっては大きなストレスになるでしょう。飼い主の手に渡るまでは、母親や兄弟たちと一緒にいることが大事なのです。

あるワクチンの本の中に、ワクチン接種はロシアンルーレットのようなものだと書いてありました。

その本の著者は、過剰ワクチンによって大切な愛犬を亡くし、長年に渡ってワクチンの害について調査をしてきていました。そして、たどり着いた答えがロシアンルーレットです。ピストルに一つだけ弾を入れて、一人ずつ引き金を引くのです。運が悪ければ……。

そう、私たちは、愛する動物たちに対してこのゲームと同じことを毎年行っているのです。それも、皆さんがその引き金を引くのです。

皆さんはまだこのゲームに参加する勇気がありますか？

第三章　毒

青い空

人の心も澄み切っていて欲しい

前章では、今まで触れられてこなかったワクチンの裏側について説明をしました。毎年の追加ワクチン接種に秘められた事実を知ると、怒りでいっぱいになります。そして、獣医師として何の知識もなかった自分自身にも腹が立ちます。知らないということが、これほどまでも恐ろしい結果を生み出すことになるとは、思いもしませんでした。フレンドが命をかけて私に教えてくれたことは、ワクチンの害だけではありませんでした。ホリスティック医療の中における、ホメオパシーという不思議な世界への扉も開けてくれました。

ホメオパシーとは、安全で、効果的な医薬品のことで、二〇〇年以上にも渡って世界中の人々によって使われています。ホメオパシーで使われる薬は、植物や鉱物などの天然の原料から作られ、適切に投与されれば子どもから大人まで、そして動物に対しても安全に用いられます。

このホメオパシーの中で、ワクチノーシスという言葉が初めて使用されました。ワクチノーシスとは、ワクチン接種によって引き起こされる様々な慢性疾患のことです。日本語訳として、適切な言葉が見つかりませんが、私の独断で〝ワクチン毒〟と訳させてもらいました。日本人にとっては、馴染みの薄い言葉だと思います。

この章では、このワクチノーシスを中心として、ワクチンの副反応やワクチンについて詳しく解説をしていきましょう。

ホメオパシー《同毒療法》

ホメオパシーは、日本人にとってはあまり馴染みのないホリスティック療法だと思います。ここ数年のホリスティック療法の普及により、ホメオパシーに興味を抱く獣医師も増えてきてはいます。数年後には、ホメオパシーを取り扱うホリスティック獣医師がたくさん現れて欲しいものです。

【類似の法則】

ホメオパシーとは、一八世紀末にドイツの医師のサミュエル・ハヌマンによって確立されたホリスティック療法です。「健康な人に対して投与した結果ある症状を引き起こす物質（植物や鉱物）は、それと同じ症状を抱えている人を改善することができる」という類似の法則に基づいています。例えば、ワクチンへのアレルギー反応で、顔が腫れることがあります。こういった場合は、アピス（Apis）というミツバチから作られたレメディー（薬のこと）を処方します。ミツバチに刺された場合を想像して下さい。刺された部位が腫れて、まるでワクチンへの反応時と同じような症状を呈します。

西洋医学がある特定の症状を抑える目的で、症状の原因と反対の化学的成分を用いるのに対して、ホメオパシーでは刺激物として非常に希釈した同様の症状を引き起こす物質を投与することによって、自分の身体の異常状態に気付いて、自然治癒力が働くとされています。

現代医療の発達によりその後ホメオパシーは衰退していきましたが、近年ビタミンやハーブ等の食物成分によって健康増進を自己管理していこうという動きの中からこのホメオパシーも注目を集め、アメリカでは栄養補助食品の一部としてその安全性が認められたうえで、販売されています。

【ノソド（NOSODES）】

ノソドとは、感染症の動物の組織や排泄物などから作られたホメオパシーレメディーです。これは、ワクチンの代わりにホメオパシー獣医師によって、感染症を予防する目的で使用されています。例えば、狂犬病ワクチン接種後にワクチンの副作用を中和する目的で与えられるリジン（Lyssin）というレメディーがあります。これは、狂犬病に感染した犬の組織から作られたものです。

本来、健康な動物に対してホメオパシーを使用することは、勧められる行為ではありません。アメリカでは、ノソドは処方せんがないと使用が出来ないレメディーです。専門の知識のない方が、使用すべきものではないことを念頭において下さい。

決して安全な薬はありません。ホメオパシーであっても、使用方法を誤ると危険な場合があります。注意をして下さい。

ワクチノーシス《ワクチン毒》

日本においても翻訳本が出版されているピトケアン博士は、以下のように自分の体験を著書の中で語っています（Proceeding of the 1993 AHVMA Annual Conference）。

治療方法の一つとして、ホメオパシーを取り入れ始めた頃、ワクチンの健康におよぼす影響など考えることはありませんでした。そのため、各々の症例では患者の全体像を考え、その症状と一致したレメディー（薬のこと）を選んでいました。ところが、たくさんの症例において、まるっきりレメディーが反応しないのです。いくつかの点では、改善が見られたとしても、完治とは程遠いものでした。結局、たくさんの症例を通じて、ホメオパシーレメディーのトゥヤ（Thuja）のイメージが浮かんだのです。Thujaは、非常に困難な症例を解決する時に投与するレメディーです。

Thujaのレメディーとしての重要な点は、ワクチン接種によって引き起こされた様々な状態に対して使用することです。この**Thuja**を使用するようになって、治療が難しい症例ではワクチン接種が引き金になって生じた場合なんだということが分かってきました。長年に渡って、ワクチンを接種されてきた個体では、どんなレメディーよりもThujaというレメディーの方が効果があったのです。

このThujaというレメディーは、繰り返されるワクチンによって崩れたバランスを取り戻す目的で、投与されます。

ピトケアン博士の経験よりも、ずっと以前にワクチンの害について気付いていた医師がいました。

一八八四年にホメオパシー医のバーネット・コンプトン博士によって『Vaccinosis and Its Cure by Thuja with Remarks on Homeoparophylaxis』（Health Science Publisher）という本が書かれました。

この本の中で、初めてワクチン接種が、慢性疾患を引き起こすものとして記述されています。抗体反応を刺激する効果の他に、ワクチン接種の効果は慢性疾患を作り出すことを初めて記述した本です。ワクチンが引き金となって生じた症状は長期間に渡り、時には一生続く場合もあります。バーネット博士は、ワクチン接種の結果引き起こされた慢性疾患をワクチノーシス（Vaccinosis）として紹介しています。ワクチン接種によってエネルギーの流れが妨げられ、精神面、情緒面、そして肉体面の変化を引き起こすものとしてワクチノーシスは理解されています。

ワクチノーシスは、皮膚炎、耳の疾患、呼吸器疾患、甲状腺疾患、慢性下痢、大腸炎、膀胱炎、情緒障害、てんかん、自己免疫疾患などを含みます。これらの症状は、現代の犬や猫たちで頻繁に見るものだとは思いませんか？


バーネット博士の行った仕事として、もう一つ重要なものがあります。彼の別な方向からの観察によって、発見された見解です。

ワクチン接種を受けた人間の方が、ワクチン接種で予防可能な感染症に対して最も感受性が高くなり、敏感になり、ウイルスに出会った時に感染しやすく、死亡する率が高くなるということを発見していました。別の言葉を使えば、ワクチン接種とは、感染症を予防するというよりも、実際にはより敏感にしているということです（ジステンパーを予防する目的で接種したはずなのに、接種していない個体よりもジステンパーへの感受性が増す。この現象は日本でも起きています。接種していない個体よりも、接種している個体の方がジステンパーに感染しているのが現状です）。さらに、ワクチン接種は将来的に慢性疾患を作り出すだけでなく、自然発生的な慢性疾患をより複雑で重篤な疾患へと導くことになるのです（前述）。

過剰ワクチン接種

フレンドと一緒に飼われていたノンノン、そしてその前に飼われていたシェルティーのラブも、やはり同様の発ガン性物質が含まれているフードを死ぬまで食べてきたのです。でも、ノンノンは一三歳近い年齢で死ぬまで、ほとんど何の問題もなく過ごしていました。ラブに関しても、結局一〇歳で交通事故で死にましたが、アレルギーなどの現代の犬たちに見られる疾患に悩むようなことはありませんでした。二頭とも、本当に健康でした。彼女たちの場合、狂犬病ワクチンは接種していましたが、混合ワクチンは接種していませんでした。

犬や猫たちの寿命が延びたと言われています。果たしてそうでしょうか。昔の犬や猫たちの方が明らかに健康で、長生きだったと思いませんか。

ある獣医師が、究極の選択を問いました。あなたが飼っている犬に混合ワクチンを接種しないで、エトキシキンなどの発ガン性物質が含まれているペットフードを与える場合と、混合ワクチンを毎年接種しながら、手作りごはんを与えた場合とでは、どちらが健康な犬になると思いますか？

答えは前者です。それほどに、ワクチン接種とは健康に大きな影響を与えるのです。

【ワクチン接種によって引き起こされる可能性のある問題】

・ワクチン接種へのアレルギー反応の結果、生じるアナフィラキシー

一般の獣医さんによって認識されている副反応

・ワクチン接種後に免疫系の一時的（あるいは永続的）な抑制

・自己免疫疾患（ワクチン接種、薬物、他の異物などの刺激物によって混乱を引き起こし、免疫系が自分自身の組織を攻撃する疾患）で、筋肉、皮膚、粘膜表皮、目、あるいはその他の組織に影響

・神経障害（神経系や神経機能の問題）

・ワクチン接種部位に腫瘍ができる猫の繊維肉腫

・ワクチン接種後ジステンパー脳炎

【ワクチン接種によって引き起こされると疑われている問題】

・腎臓疾患

・甲状腺機能不全

・繁殖障害（特に雌が発情中にワクチンを接種させられた時）
・アレルギー性皮膚疾患
・てんかん
・慢性の痛み
・関節炎
・攻撃行動を含む様々な問題行動

【ワクチン接種によって引き起こされる問題に対して、特に注意が必要な犬種】

1　秋田犬
2　チワワ
3　コッカースパニエル
4　フォックステリア
5　ジャックラッセルテリア
6　スプリンガースパニエル
7　ワイマナラー
8　ダブルマールのシェルティー

9　ハールクインのグレートデン

10　アルビノ

（Current Veterinary Therapy XI Phillips T. & Schultz R.Saunders, 1995）

病気になることの意味

病気は不必要なもので、病気にならないことが、イコール健康だと思いがちです。ところが、病気になることには意味があります。小さな頃の病気は、エクササイズとしての意味があります。生まれたばかりは、免疫系は未熟な状態にあります。小さな命を守るために、お母さんから胎盤や初乳を介して抗体をもらいます。ある程度成熟してきたら、今度は自分の免疫でどうにか感染症に打ち勝たなければなりません。

昔の子どもは、あおっ鼻をたらしてばかりいました。あの時代の子どもたちの方が、現代よりも強い免疫力を持っていたことでしょう。汚いことは悪いことのように思いがちですが、実は強じんな身体を作るためには必要なことなのです。そして、病気もその強じんな免疫力を作るために一役買っているのです。小さな子どもたちは、一年間に何度も風邪をひきます。そして、そのたびに免疫を刺激して、強くしてくれるのです。無菌グッズなどが流行っていますが、菌は身体にとってなくてはならない大切なものなのです。

私は比較的胃腸が弱いと感じています。肉体的、あるいは精神的に何かあると、必ず最初に胃腸に問題が生じます。ちょっとしたストレスを感じると下痢をしたりして、自分自身でストレスを感じているんだと実感します。仕事が続いて疲れがたまっている時、風邪などをひくと疲れがたまっているんだ、身体を休めなくてはと思います。

ましてや、ガンといった重い疾患においては、色々なことを気付かせてくれます。フレンドのガンは、まさに大きな意味を持っていました。彼女のガンによって、家族の絆は強くて、大きなものとなりました。何よりも、心の強さが、どれほど大切かを知りました。フレンドの身体はガンに侵されていても、心は幸せでいっぱいだったのです。ガン細胞に、フレンドの心が打ち勝ったのです。免疫力は心と通じていることを実感させてくれました。

私の恩師であるクリスティーナ獣医師（アメリカ、メリーランド州でホメオパシーを中心としたホリスティック医療を動物たちに行っている）は、ワクチン接種に対して次のような意見を持っています。

定期的に行われるワクチン接種は、私たちが動物たちに行っている最悪の行為でしょう。ワクチン接種は、あらゆるタイプの疾患を引き起こします。しかも、ワクチンによって絶対に引き起こされたという直接的な方法ではなく。毎年のように繰り返されるワクチン接種は、動物たちのエネルギーに満ちた健康を密かに脅かすことになります。動物が若い時期の一、二回のワクチン接種によって、大きな影響を受けるようなことはありません。そして、ウイルスワクチンは、動物たちの一生において一度か二度だけ与えられるべきだと、獣医免疫学者たちは述べています。まず、毎年の追加ワクチンは必要ありません。次に、ワクチンが慢性疾患を引き起こすことは、明らかです。ホメオパシーにおいては、ワクチンが動物たちに引き起こしている問題をまず解決しなければ、動物たちを治療することは不可能です。(「The Veterinarian's Guide to Natural Remedies for Dogs」Zucker M. Three Rivers Press)

私たちの周囲の犬や猫に目をやると、皮膚炎、アレルギー、過剰なノミ・ダニ寄生、てんかん様発作、関節炎、肝臓疾患、腎臓疾患、慢性下痢、攻撃行動など、実に様々な疾患に苦しんでいます。この背景には、無理な繁殖によるケースの場合もあるでしょう。私の個人的な見解によると、多くがワクチノーシスだと考えられます。利益しか考えない企業によって勝手に作られたレールの上を走り続けた結果、不健康な犬や猫を作り出すことになったのです。たった一本の注射のために……。

動物たちを守ってくれるはずのワクチンは、期待される急性疾患から守ってくれないだけでなく、新たに慢性疾患を作り上げる手伝いをしているのです。

この見解には、賛否両論あり、反対の意見を持っている人たちもいるでしょう。

しかし、少し目線を変えて動物たちを観察してみて下さい。驚くほどたくさんの証拠に気付くはずです。たとえばワクチン接種後、数週間、あるいは数ヶ月後にあらゆるタイプの疾患を目にするでしょう。

ホリスティックなアプローチの仕方

ホリスティックで一番重要なのは、なるべく接種しないことです。

●幼弱な個体は、感染症にかかり易くなるので、パルボ（七三・七七頁参照）やジステンパーなどの子犬や子猫の命を脅かす可能性のあるコアワクチン（七一頁参照）のみを接種。

●成犬や成猫であれば、年一回の抗体価検査を行い、抗体価が下がっているものだけを接種する。決して、免疫系疾患、不健康な個体には接種しないこと。

●アデノウイルス2型やパラインフルエンザウイルスが原因で引き起こされる〝ケンネルコッフ〟は、集団内で起きる感染症です。ドッグショーなどのたくさんの犬が集まるような場所では注意が必要ですが、それ以外ではほとんど問題になりません。接種は、どうしてもストレスに弱かったりする個体などの特別な場合だけにします。

飼い主は、過剰ワクチンが危険だと知っていながらも、理由を見つけては接種をするでしょう。ホテルに預ける必要があるから、ドッグランを利用するから、家庭犬の認定試験を受けるから……。しかし、これらは、接種の理由にはなりません。証明書の不要なホテルやドッグランを見つける努力をなぜしないのでしょうか。家庭犬の認定試験であっても、皆さんが理解していれば、良い子の証明など必要ないはずです。毎年の混合ワクチン接種は、非常識なことなのです。皆さんの生活が便利になるからという理由だけで、接種させているようなことはありませんか？　そして、そのたった一回の接種が地獄への道を歩むことにもなるのです。

第四章　悲

ふと見上げる目線の先には
いつもあなたの愛する人がいた

フレンドの最期は、決して楽な状況ではありませんでした。腹水だけでなく、胸にまで水が溜まり、苦しかったことでしょう。そして、彼女だけでなく、その状況を側で見守り続けた私の家族にとっても、心の休まる日はなかったと思っています。

動物たちの最期は、苦しまずに、楽に迎えて欲しいと願うものでしょう。ガンにおいては、化学療法や放射線療法によって体力を消耗するだけでなく、副作用の問題も出てきます。飼い主としては、ガンになることは、避けたいものです。ところが、悲しいことに、ガンは動物たちの世界にも確実に浸透し始めています。

人間の死因の第一位はガンです。犬の死因もとうとう第一位がガンとなりました。アメリカ獣医師会の発表によると、犬の四六%が、そして猫の三八%が、ガンに罹患しているという結果が出ています。年齢を重ねれば、ガンになる確率が上がるのは当然です。しかし、フレンドのガンが発覚した年齢は、五歳でした。もちろん若い年齢でのガンの発病もありますが、その数は確実に増えています。場合によっては、二、三歳というこれから飼い主と色々な楽しいことをし始める若い年齢で発病する個体が増えてきています。これは、何を意味するのでしょうか？ 私たちが気づかないところで、何かの歯車が狂ってきたのでしょう。

〝ガン〟……。いったいどれほどの犬や猫とその家族が苦しめられているのでしょうか。予防医学という名の元で、意味もなく混合ワクチンを接種しまくる現代の獣医学は、病気を作り上げる手伝いをしています。それも、さらに複雑な疾患を作り上げ、ガンの増加にも拍車をかけています。

前章では、混合ワクチンの過剰接種から引き起こされる問題点に重点をおきました。この章では、ガンの原因の一つと思われるペットフードの問題点を探ってみたいと思います。

ペットフードの安全性神話

フレンドの死の原因を探っていた頃、ちょうどアメリカでは手作りごはんのブームが沸き起こっていました。書店には、〃ナチュラル〃という言葉がタイトルに付くたくさんの本が並んでいました。アメリカの犬や猫たちにもアレルギーやガンなどの完治できないやっかいな疾患が増えてきていて、飼い主たちの健康への意識が変わりつつある時期でした。その中でも、特に食事への関心は大きなものでした。当たり前のようにペットフードを与えてきた現状への疑問が、一気に爆発したかのような状況を作り出していました。

日本とは異なり、アメリカには国民健康保険のような制度がないうえに、治療費が非常に高額になるため、異常なほどに健康への関心が高まっています。その極端な例がサプリメント（栄養補助食品）ではないでしょうか。アメリカでは、大人の六割もの人たちが利用し、年間の売り上げは二兆円を超す勢いだと言われています。その健康への危機感は、人間だけでなく、飼われている動物たちへも向けられ始めた結果、食事への関心が出てきたのでしょう。

様々な本を読みすすめるうちに、ガンを引き起こす原因の一つとして、市販のペットフードが考えられるのではないかと思うようになりました。フレンドが子犬の頃から口にしていたフードは、発ガン性が疑われている化学物質が含まれていました。当時は、外国産の高いフードなら、安全だと単純に思っていました。もちろん、食事だけがガンの原因だとは思いませんが、ガンの発現に拍車をかけていたことは明らかでしょう。

日本においても、このところちょっとした手作り食ブームが起きています。おそらくこの裏側には、市販のペットフードへの不信感があるのでしょう。さらに、皮膚炎やアレルギーといった疾患が増えているのも、このブームに火を付けているのでしょう。フードの普及に伴って、アレルギーや尿路系疾患が増加してきているという事実もあるので、何かにすがりたいと願う飼い主は確実に増えています。

アメリカから戻ってきた後の私の使命は、二つありました。一つは、この本のメインテーマである過剰ワクチンの問題を日本に広げること。そして、もう一つが、食事の問題です。関東を拠点にして、ペットフードの問題点と手作り食の良さを広めています。過剰ワクチン接種に関しては、獣医師の力が強く、洗脳されてしまったこの状況を改善するのには、そうとうな時間が必要なのだと感じています。食の問題に関しては、徐々に広がりつつありますが、まだまだ安いフードや表示を見ることなくフードを購入している飼い主の方がほとんどでしょう。このままの状況が続けば、どこかおかしな動物たちが増えてきても不思議はないでしょう。慢性疾患を引き起こすだけでなく、行動にも影響を与える場合があります。最近の日本の若者の異常な心理状態においても、食文化の変化が何らかの影響を与えていると考えられています。ペットにも同じことが言えるのではないかと思います。

健康を維持するうえでは、食事を抜きに考えることは出来ません。皆さんは、動物たちのごはんとして何を与えていますか？　市販のペットフードでしょうか？　それとも、手作りでしょうか？

人間の食事の世界を考えてみても、出来合いの惣菜やインスタント食品に依存しているのですから、ついつい市販のフードに手が出てしまっても、おかしくはありません。しかし、忙しさを理由に最も大切な食事を軽視し過ぎているように思えます。あのカリカリを口に出来ますか？　毎日、毎日、三六五日、一生あのカリカリを食べ続ける犬や猫たちのことを想像してみて下さい。獣医師からフード以外のものは、与えてはいけないと言われていたとしても、何だか悲しい気持ちにはなりませんか？

スーパーやペットショップには、何千種類という犬や猫のためのフードが並びます。選ぶのに迷うところでしょう。安いので充分だと思っている飼い主もいます。そして、なるべく高くて、獣医師が勧めるフードが一番だと思っている方もいるでしょう。しかし、値段が高いものが、良いフードだとは限りません。

雑誌やテレビで頻繁に宣伝を目にするようなフードでは、材料費ではなく、宣伝費にお金をかけているでしょう。一〇キロで一万円というプレミアムフードであっても、年間の宣伝費に対して何千万という金額を注いでいたとしたら、原材料費はフード代のうちの数%にしかならないでしょう。

そして、獣医師が勧めるからといって良いフードであるとは、限りません。マーケティングのうまい会社であれば、動物病院でフードを売ってもらい、代わりに幾らかのマージンを獣医師に払ってあげれば、両者にとって大きな利益となるでしょう。私自身の過去を考えると、ペットフードの知識など皆無でした。病院でペットフードを取り扱っているからといって、そこの病院がフードの知識を持っていて、選りすぐられたフードを置いているとは限らないでしょう。動物たちの健康というよりも、商売のために勧めているのが現状でしょう。

肥満用のフードでは、通常のフードよりも二倍もの繊維質が入っています。ある有名なフードでは、その繊維質の原料はピーナッツの殻です。当然、その原材料の値段はタダ同然でしょう。もちろん、ピーナッツの殻であってもフードに入れても良いことになっているので、文句を言うことは出来ません。

犬や猫のフードを選ぶ時に、あなたは何を基準にしていますか？　獣医師やブリーダーさんが勧めるからですか？　宣伝を頻繁に見るからですか？　きちんと表示を見る習慣をつけないと、健康に影響を与えるような物質を含む場合もあります。以前の私は単純に外国産だからＯＫだと思っていました。

色々なことを考えると、決してフードは完全ではないことが分かるでしょう。人間の食事を考えた場合でも、完全食を前面に出すものはありません。栄養学的に考えても、完全食はあり得ないでしょう。

発ガン性物質とペットフード

私の知り合いのホリスティック獣医師は、食べ物にランクを付けるとしたら、ほとんどのペットフードは、ランク外だと話をしてくれました。その第一の理由は、合成添加剤です。

添加剤の中でも、特に問題になるのが酸化防止剤です。総合栄養食として売られているフードには、エネルギー源となる脂肪が含まれています。この脂肪は光や酸素に弱く、すぐに酸化してしまいます。ペットフードの袋を開けた時から、フードの酸化は始まっています。この酸化は、老化や様々な疾患の原因となるので、酸化を防止することはとても重要なのです。そのため、ペットフードには必ず酸化防止剤が入っています。

ところが、酸化防止剤の中には発ガン性物質がすでに見つかっていたり、その疑いのあるものが使用されています。尿路結石などの疾患になって処方されるフードであっても、この発ガン性物質が入っている場合があります。これらのフードを食べ続けるために、一年間に体重の約⅓の量の発ガン性物質を摂取しているという報告もあります。フード会社はほんの微量しか含まれないのだから、安全だと主張するでしょう。しかし、その微量な物質を毎日口にしていたら、一年後にはどれだけの量になっているのでしょう。

最近の飼い主の方々は、色々な情報を得ることができるようになったので、この酸化防止剤には気を付けている方が多いようです。さらに、フード会社も、消費者の動きを把握しているためか、これらの発ガン性が見つかっている添加剤を使用していないことを前面に押し出しているものが、非常に目立ちます。では、発ガン性が見つかっている成分を使用したくない場合には、何を使用しているのでしょうか。

実は、ビタミンCやEなどの天然の酸化防止剤を使用しているのです。ちょっとこの天然の成分について話をする前に、酸化に関することを説明しましょう。

酸化の話をする時に、切り離せない重要な物質があります。抗酸化物です。体内に入ってきた脂肪が酸化するということは、身体がさびることと同じことです。そして、そのさびは、老化やガンの原因になるのです。このさびから身体を守ってくれる物質が、抗酸化物なのです。元々、体内では、この抗酸化物は自然に作られています。しかし、現代社会のように環境汚染が進んだ世の中では、体内で作られる抗酸化物だけでは、間に合わなくなっているために、食事から取り入れることが大切になってきます。

少し前に話題になっていた、赤ワインのポリフェノールや緑茶のカテキンなどが、抗酸化物の代表です。

植物に含まれる物質で、第七番目の栄養素として、この抗酸化物は注目されています。紫外線、車の排気ガス、飼い主が吸っているタバコの煙、フィラリア予防薬など、動物たちも有害な物質に囲まれて生活をしています。抗酸化物は、これらの有害な物質を積極的に中和してくれるので、健康を考えるうえでは、重要な物質なのです。

これらの抗酸化物の中には、ビタミンCやEも含まれます。これらのビタミンを使って、フードの酸化を防止しているのが、最近流行りの〝自然派〟あるいは〝ナチュラル系〟フードなのです。

少し前までは、しっかりと発ガン性物質を使用していたフード会社までもが、〝自然派〟を強調し始めているのですから、おかしな現象が生じています。ところで、この自然派フードにも欠点はあります。脂肪の酸化を防止するパワーが、合成のものよりも弱いのです。きちんと管理をしておかないと酸化が進み、個々の細胞を傷つけたり、ガンを引き起こしたりすることにもつながります。

ある視点から見れば、発ガン性のあるエトキシキンなどの合成酸化防止剤は、強力な抗酸化物だともいえるでしょう。脂肪の酸化から引き起こされる様々な弊害を抑制してくれるパワーは、〝自然派〟よりも強力なのです。極端な言い方をすれば、発ガン性物質が入ってはいますが、脂肪の酸化によるガンの発生を抑えてくれるのです。

実際、ガンを抱えたラットに対してエトキシキンを入れたフードを与えたグループと、ビタミンEを添加したフードのグループとの比較実験を行ったところ、エトキシキンではガンの進行を抑えることが出来るので、長生きをしたという研究結果が出ています。逆に自然派フードでは脂肪の酸化が進んでしまうために、ガンを発生させやすいという研究結果もあります。

結局は、フードの便利さである長期保存が、前述した弊害を引き起こす原因になっています。合成であっても、自然派であっても何らかの問題を引き起こすでしょう。便利さの裏には、必ず危険がつきものです。実際、二〇〇三年一〇月には、ある会社のナチュラル系ペットフードを食べた七頭の犬たちが急死したというショッキングな事件が、アメリカで起きています。

動物たちの身体を考えるならば、長期間に渡ってペットフードを与えることは避けるべきでしょう。自然な加工品は存在しないのですから……。

不完全食のペットフード

ペットフードの便利さは、長期間保存が可能なことです。どんなに忙しくても、カップに量って、食器にカランと入れるだけで済んでしまいます。しかし、袋を開けてから数週間経っても、この湿気の多い日本でカビさえもはえてこない食べ物が、安全だと言えるのでしょうか?

実はカビをはえさせないために、抗生物質に近いような物質を使って、微生物が繁殖しないようにしています。抗生物質の投与時にも問題になりますが、腸内に棲んでいる大切な微生物までも殺してしまう可能性があります。腸管は、単純に栄養を吸収する器官ではありません。外から侵入してきた様々な有害な物質を排除するための、重要な免疫器官としての役目も持っています。腸内細菌のバランスが崩れることによって、体内に有害物質を蓄積させることになります。有害物質が体内に溜まることは、解毒にとって重要な臓器である肝臓やその他の臓器に負担をかけることになります。こういった状況が長期に渡れば、動物たちの身体はどうなってしまうのでしょうか?

人間の食を考えてみると、じっくりと食材の味を吟味する時間さえないほどに、時間に追われながら生活を送っています。デパートの地下街のお惣菜屋さんが繁盛し、コンビニのお弁当を利用すれば、まな板や包丁は必要ありません。

私自身は、インスタント食品があまり好きではありません。アメリカへの旅行時に、レストランの食事ばかりでは飽きるので、スーパーでインスタントラーメンを買って食べたことがあります。たまに食べる分にはイイかなあと思いましたが、あれを毎日食べると考えたら、決して身体に良いとは思わないでしょう。

食事は生きていくうえでも、そして健康を考えるうえでも、非常に重要なことです。一つ一つの細胞の原料となる物質は、毎日口にする食べ物の中に含まれます。その原料の質が悪ければ、体内に入って利用されることはないでしょう。

完全食だと言われるペットフードですが、その全てが消化されて、吸収されるという保証はどこにもありません。肥満用などの繊維質が豊富なフードでは、体重を減らすだけでなく、栄養素の吸収までも阻害する可能性があります。ミネラルの中でも、特に亜鉛やカルシウムなどの身体にとって重要な栄養素の吸収が、妨げられることにもなります。

亜鉛吸収と関係のある皮膚炎の増加の原因は、フードの中に繊維質が多すぎるからだと言われています。さらに、ハスキーやサモエドなどのソリを引く犬種には、遺伝的に亜鉛の吸収が悪くなることがあります。そのような犬種に繊維質が豊富な肥満用フードを与え続けたら、肥満を解消する以前に別の深刻な問題へと発展するかも知れません。亜鉛は、免疫と深い関係があります。亜鉛が欠乏することは、免疫力の低下を引き起こすでしょう。その結果、様々な問題を将来引き起こすことにもなります。

ドッグフードやキャットフードは、便利です。しかし、決して完全ではないことを念頭においておくことは大切です。現代の犬や猫たちがいかに弱いかを考えてみれば、何か大切な物質が欠けていることが分かるでしょう。

健康と酵素

酵素という言葉をご存知でしょうか。

動物たちが生きるために必要な食べ物が、消化、吸収された後、体内に取り込まれたタンパク質や脂質といった栄養素は、様々な場面で利用されます。その利用の過程では、化学反応が繰り返し行われています。この化学反応は、酵素の存在があって、初めて行われるものなのです。呼吸をしたり、身体を動かしたり、自然治癒力などの一切の生命活動に関与しているのが、酵素です。動物たちは、酵素がなければ生命活動を行うことができなくなります。この酵素は、人間を含めた全ての生き物にとって命の源のようなものなのです。ここでは、この酵素の働きを説明したいと思います。

体内で作られる酵素には、「消化酵素」と「代謝酵素」の二つがあります。

消化酵素は、文字通り消化のために作られる酵素です。動物たちが口にする食べ物は、消化分解されて吸収されなければなりません。肉の主成分であるタンパク質は、プロテアーゼによってアミノ酸に、エネルギー源になる脂質は、リパーゼによって脂肪酸に分解されてから吸収されます。この消化吸収の過程になくてはならないものが、消化酵素です。消化酵素によって、消化吸収されて体内に入った栄養素は、そのままでは何の働きも行うことができません。エネルギー源になったり、皮膚や筋肉を作り出したりするためには、代謝酵素が必要なのです。その他にもホルモンや神経伝達物質を分泌したり、体内に蓄積した有害物質を排泄したり（解毒）、抗体を作って免疫をつかさどっていたりするのも代謝酵素のおかげなのです。すなわち、栄養素を利用するためには、代謝酵素が必要不可欠なのです。

ところで、昔は、原料となるタンパク質を充分に摂取していれば、酵素は無尽蔵に作られるものだと言われていました。しかし、酵素を作る能力は個々によって異なり、限界があることが分かってきました。この一生のうちで作られる量に限界のある酵素を「潜在酵素」と呼んでいます。

潜在酵素というのは、前述した消化酵素と代謝酵素のことですが、使い果たしてしまうと生命活動が終わってしまうことが分かっています。したがって、この潜在酵素を使わないで節約することは、健康と長生きのためには大切なことなのです。では、どうやってこれらの酵素を節約すれば良いのでしょうか。それは、食べ物に含まれる酵素を利用するのです。

本来、自然の食べ物には、自分自身を分解する酵素が備わっています。生肉にはタンパク質を分解する酸化プロテアーゼという酵素が含まれているので、生肉を放置していると自然に融解（溶けて液体化すること）が始まります。さらに、果物にもタンパク質分解酵素が含まれています。パイナップルのブロメリンやパパイヤのパパインなどは、聞いたことがあると思います。これらの食べ物に自然に含まれている酵素を「食物酵素」と呼びます。食物酵素に含まれる消化の力を利用すれば、体内の消化酵素を節約することが可能になります。その結果、代謝酵素を活発に作ることができるので、免疫力が活性化したり、解毒がすんなりと行われたり出来るようになります。

ただし、酵素はタンパク質で出来ているので、熱に弱く、五〇℃以上では破壊されてしまいます。加工処理や煮たり焼いたりするだけで、酵素は失われてしまうのです。従って、生で食材を利用することが鍵となります。生肉、生魚、生野菜などの生の食べ物を摂ることが、重要になります。さらに、日本の食文化には、素晴らしい発酵食品がありま す。味噌、納豆、しょう油、ヌカ漬け、漬け物などの発酵食品には微生物だけでなく、たくさんの酵素が豊富に入っています。

ところで当然のことですが、加工品であるペットフードには、生命活動にとってなくてはならないこの酵素が欠乏していますます。完全食だと言ってはいますが、酵素欠乏の不完全食なのです。ガンを抱えた子では特に、健康体以上に免疫系が活発に動かなくてはいけません。この免疫系がその役目を果すためには、酵素が不可欠です。また、皮膚炎やアレルギーなどの疾患が多くなってきている背景には、この酵素不足が考えられるのではないでしょうか。さらに、ドッグスポーツなどの激しい運動を行う場合には、それだけ必要なエネルギー量や代謝量が増加します。裏を返せば、代謝酵素が過剰に必要になるのです。そんな犬たちが加工品であるドッグフードだけを食べていたとしたら、酵素不足は必須でしょう。

ガンの予防だけでなく、健康を維持するうえでは、酵素が必要不可欠なものであることは理解出来たと思います。市販のフードだけに頼るのではなく、食物酵素をうまく取り入れた食事を組み入れることは、命を考えるうえでは大切なことでしょう。

もう一度、食事について考え直してみてはいかがでしょうか。

手作り食の勧め

フレンドが元気な頃、完全食だと信じていたフードに何かを添加するようなことはありませんでした。彼女のガンが発覚した後はフードを与えるのを止め、生肉中心の食事に切り替えました。ガンに良いと言われているブロッコリーやマイタケを生肉に加えたりと、とにかく食事には気を使いました。ブロッコリーにはガンに有効とされる抗酸化物が豊富で、マイタケはβーグルカンが豊富で免疫を強化してくれます。これらの自然の食材が、彼女の身体には合っていたのかも知れません。

現在の姉のパートナードッグたちは、ドッグフードではなく、完全手作り食で過ごしています。六歳になるイエローラブのムギは丸三年、シャンプーをせずに過ごしています。皆さんが想像するムギは真っ黒に汚れ、脂っぽくて、皮膚はボロボロの臭い犬だと思います。しかし、シャンプーをしていないことを知らない人には、きれいな犬ですねと必ず言われるくらいに、甘い香りのする犬です。ペットフードでは、このような犬を育て上げるのは不可能でしょう。

最近は、皮膚にトラブルを抱えた子がたくさんいます。これは、身体の中で起きている問題に助けを求めている子が、多くいることを意味しています。この増加の原因には、ペットフードがあげられます。そして、もちろん過剰なワクチン接種も皮膚のトラブルを複雑にしているのでしょう。

手作りが良いと分かっていながらも、最初の犬であるムギに手作りを導入する時には相当な努力が必要でした。姉にしろ、両親にしろ、フードの方が便利で、簡単に与えることができるという先入観がどこかにあったのでしょう。しかし慣れてくると、人間さまの夕飯を作りながら一緒に犬たちのごはんも作り、徐々に手作りを導入していきました。さらに慣れてくると、体臭が減ったり、ウンチの量や臭いが減ったりすることで、その良さを実感することが出来ます。手作りごはんが普通になった現在では、夕飯の肉を買い忘れたから代りにフードを与えようかと言うと、母はかわいそうだからと言って、近所のスーパーへと肉を買いに走ります。

人間側の心の変化も重要ですが、何と言っても犬たちの食べっぷりと、その喜ぶ顔を見ることが手作りを続けられる一番の要因でしょう。ムギの方はすでに手作りにして五年以上が経ちます。その間、問題がなかったとは言えません。時には、食材との相性が悪かったのか、下痢をすることもありました。そんな時は、絶食の時期が来たのだと思って、一日食事を抜きます。

栄養のバランスが崩れるので、手作りは難しいと獣医師やショップの店員さんには言われるでしょう。私自身、そう思い続けていた獣医師の一人でした。しかし、フードから手作りに切り替えた飼い主の人たちからの体験談を聞くと、栄養バランスが崩れているのはペットフードの方だと思うことが多々あります。何か病気が起きてしまってからでは、なかなか手作りが出来にくいものです。一週間、あるいは一ヶ月に一回でもよいので特別な日を作ってみてはいかがでしょうか？ 犬や猫たちの喜ぶ姿を見ると、ちょっと心が揺り動かされることでしょう。

ペットフード。その日本での歴史は浅く、導入されてわずか五〇年ほどしか経っていません。この五〇年の間に、日本の生活環境にも大きな変化がありました。その変化と一緒に、犬や猫たちの扱いも大きく様変わりしました。彼らにとってよい方向へと進んでいるかといえば、そうでもないのが現状でしょう。なぜならば、健康な個体が増えているように見えて、その裏では不健康な個体が激増しているからなのです。

第五章　心

人と動物
言葉の壁などありません

動物たちにも心はあるのでしょうか？

私は、いつも動物たちと話をする時、彼らにも心があると思って会話をしています。特に、フレンドはとても心が敏感でした。私たちのちょっとした心の動きに、とても反応をする犬でした。動物たちの心が、こんなにも素直なのだと教えてくれたのは、フレンドでした。動物たちの心に対しても目を向けることは、大切なのだと教えてくれました。

そんなフレンドにとって、最も大切なことはフレンドの飼い主であった私の二つ上の姉の幸せでした。彼女の目線の先には、いつも姉がいました。姉の顔がニコニコと笑っていることが、彼女の一番の幸せでした。そして、家族が一緒に居ることも……。それ以外に何も望むことはなかったのです。昔から実家に来ている庭師の人が、「今のワンチャン（フレンド）はちょっと触るのが怖い感じだった」と話をされたことがありました。ラブラドールというと、誰にでも愛想が良くてしっぽを振ってくるように思いがちですが、フレンドの興味は姉のみでした。

前述のようにガンが発覚するまで、フレンドは実に様々なものにチャレンジさせられていました。その最初が、訓練競技会です。おそらく私の姉にしてみれば、初めて自分で犬を訓練して、競技会に出て、良いポイントを取ることが楽しくて仕方なかった頃だったのでしょう。しかし、フレンドにとっては、訓練競技会に出て良い成績をおさめるのも、自分が楽しいからではありませんでした。姉がとても嬉しい顔をするからです。姉が微笑む顔を見ていたかったのです。

さらに、ドッグショーにもフレンドを出していました。フレンドがどんな気持ちで競技会に挑み、ドッグショーに出ていたかは、念頭になかったのでしょう。フレンドの心を観る余裕なんてなかったのかも知れません。何かに夢中になると、時として大切なことを見失うことがあります。姉は大事な部分を見落としていたのです。それが、後にどんどん問題を孕んで膨らんでいくことになるのも気付かずに……。

競技会以外に、彼女はセラピードッグとしても、姉のカウンセリングの仕事について回っていました。彼女は、決して自分の方から人間の方へと行くタイプの犬ではありませんでした。そのため、警戒心の強い子どもにしてみれば、いきなりしっぽを振って近づいてくる犬よりも、フレンドのようなタイプの犬の方が心を開くことができたのです。しかし、彼女が心から子どもたちとの触れ合いを楽しんでいたかどうかは、疑問が残ります。子どもに触れられていても、ジッと我慢をしていたことでしょう。フレンドは、そんな性格の犬だったのです。

さらに、選別訓練を受けるために、訓練士の人に近くの公園へと連れて行かれる日がありました。フレンドが公園へと連れて行かれる時の光景が、今も脳裏に浮かびます。しっぽをだらりと下げて、何度も何度も私たちの方を振り返り、「お願いだから止めて!!」と言いたげな顔をしていました。フレンドにしてみれば、苦痛でしかなかった訓練だったのでしょう。彼女が嫌がっていることが分かっていながら、そのままにしたことは今でも悔やまれます。彼女は、ちゃんと心のサインを出していたのです。

姉の興味は、訓練だけに止まりませんでした。彼女のガンが発覚するまでの五年の間に、フレンドは繁殖のために飛行機に三回も乗せられていました。動物たちは荷物と同じ扱いを受けます。貨物室に入れられて、運ばれるのです。飼い主から離れて、入れられた先は物凄い音のする部屋です。飛行機が飛んでいる間中、不安で、不安でたまらなかったことでしょう。さらに、おろされた先では、知らない人が自分を引き取り、数日間コンクリートの上で過ごす……。フレンドにしてみれば、どんなにか姉が恋しく、悲しく、不安な日々を過ごしたことでしょう。

これらのことは、彼女のガンが発覚するまでの五年間の出来事です。彼女がしゃべることができたなら、いいかげんにしてよ!! と叫んでいたかも知れません。しかし、彼女はじっと耐えて姉を見つめていたのです。ガンの発覚から後、姉は競技会やドッグショーに連れ出すようなことは、一切しませんでした。その代わりに、のんびりと両親と一緒に山に登ったり、海に連れ出したりと、フレンドが無理をしないで笑っていられるような範囲内で色々なことをするようになりました。

フレンドの後半の人生を振り返った時、もしかしたら彼女は自らの意志でガンを選び、そして本当の幸せを手に入れたのではないだろうかとさえ思います。それほどに彼女の前半と後半の人生は、異なったのです。ガンの苦しみに比べたら、前半の人生の方が苦しかったのかも知れません。ガンで苦しんでいた時のフレンドの写真は、いつも笑顔でした。

読者にしてみれば、そんなことまで考える必要はないのではと思うことでしょう。相手は、動物なのだからと思う方もいるでしょう。しかし、動物だからこそ、心配りが必要なのです。彼らはちゃんと飼い主の心を見ています。

私たちが、犬や猫のことを想い、よかれと思ってしてあげている行為であっても、動物たちの心の声を聴いてあげて下さい。きっと今まで聞こえてこなかった声が聴こえるようになるでしょう。

カウンセリングの技法に傾聴というものがあります。とにかく相手の言葉を聴いてあげるのです。その間、どんなに長い沈黙があったとしても、ただひたすら心を傾けるのです。フレンドがガンになる前は、おそらく姉は彼女の心を視ようとはしませんでした。しかし、ガンが発覚してからは、なるべく彼女の心に目を向けてあげるようにしました。

この章では、私たちが無視しがちな心の問題について考えてみたいと思います。

動物の心、飼い主知らず

このところ、犬たちを取り巻く環境はとても騒がしいように思えます。犬のしつけ教室、アジリティー（障害物競技）、フリスビー、ケイナインフリースタイル（犬と飼い主が一緒になって踊るスポーツ）、キャンプ、旅行、動物介在活動など……。訓練競技会だけでなく、犬たちが参加するたくさんのイベントがあります。こういった状況を見ていると、猫たちはなんて幸せなのだろうと思うことがあります。

確かに、ある程度のしつけの必要性はあるでしょう。だからといって、しつけは何も強制するものではありません。犬と人間、そしてその周囲との関係がうまくいくための手段であって、決して犬たちを人間社会に縛りつけるものであってはならないのです。問題行動として取り扱われるのは、彼らにしてみれば自然な行動なのです。吠えたり、攻撃的な行動をとったりすることには、各々意味があります。ただし、人間と暮らす時には逆に問題となってしまうために、矯正させられるのです。そしてその矯正も、時に押しつけになっているような光景を目にします。

若い男性が、大きなゴールデンを引き連れて散歩をしていました。犬は単純に飼い主との散歩を楽しみたいだけなのに、飼い主の方は、「つけ！　ヒール!!」と一生懸命に大きな声をあげながら、犬を自分の左隣につけようと必死です。飼い主には、周りの状況など見えていません。おそらく、最近になって犬のしつけ教室に通い始めたばかりだったのでしょう。

それまでの散歩は、犬にとって楽しいものだったでしょう。しかし、その時の犬は耳をキュッと頭の後ろにふせて、ビクビクしながら飼い主を見上げています。あきらかに緊張しているのが分かります。しつけとは、犬を服従させるためにあるものではありません。しつけもほどほどが良いのです。皆さん自身も、これはダメ！　あれもダメ!!　と言われ続けながら散歩をしたら、楽しいと思いますか？

最近は、よく街中で犬を連れた人たちを見かけるようになりました。犬が嫌いな人がいるように、なかには犬が嫌いな犬もいます。周りで犬を飼っている人たちが、どこかのカフェに行ってきた話を聞くと、やはり無理にでも行きたくなるものでしょう。メディアでは、楽しげに犬と語らうカフェの特集などが組まれる昨今です。しかし、犬がストレスになるような場所に、トレンドだからという理由だけで、嫌がる犬を連れて行くことは良いことなのでしょうか？

たとえ、そこでおとなしく机の下で寝ている良い子になったとしても、犬たちにしてみれば、ため息だけの場所かも知れません。飼い主同士は、おしゃべりを楽しめるでしょう。その間、犬たちは良い子のフリをして、良い匂いのする中でじっとしているのです。

さらに最悪なのは、道路に面したかっこいいカフェに座りながら、車の排気ガスをずっと吸い続けることにもなります。犬を自分のひざの上に座らせて、プカプカとタバコを吸っている人もいます。いつも一緒にいることが、動物たちにとって良いことだと勘違いをして、色々な場所に連れて回ることはストレスになる場合もあることを考えてみて下さい。

「帰ろうよ！　ねえ、お家に帰ろうよう!!」と目で訴えてはいませんか？　皆さんのそのとらえ方は、間違ってはいないのです。皆さんの犬は、帰りたいのです!!

さらに、雑踏の中をちょこちょこと歩き回り、危険な場合もあるでしょう。最近の小型犬ブームで、若い女性が小さな犬を連れて歩いています。彼らの目線で町中を歩いてみて下さい。ホコリがまいあがり、たくさんの靴を目にします。不安で飼い主を見上げながら歩くでしょう。そうすると、首への負担は大きくなります。人間の首が凝るのと同じように、小型犬はとても首に負担がかかるのです。そんな彼らにとって、人ごみの中を歩くことは、大きなストレスになるだけでしょう。

トレンド。犬や猫は、飾り物ではありません。生きているのです。ブランドのバッグのように持ち歩く人が、多くなっているように思えてなりません。あなたの隣で微笑む彼らは、一〇年以上も連れ添うことになるのです。古くなったから、流行りでないからという理由だけで、質屋に持ち込むことのできるブランドバッグとは異なるのです。

親の意志を子どもに押し付けているような時、子どもは口に出して嫌だという自分の意志を表示することが可能です。しかし、犬や猫たちは言葉を発することが出来ません。どんなに能力が優れていたとしても、訓練競技会に出るのが嫌いな子がいます。飼い主は犬や猫と一緒にボランティアに参加して、良いことをしたような優越感に浸ることができたとしても、皆さんの犬や猫が同じように楽しんでいるとは、限らないのです。緊張度の高い犬や猫であれば、たったの一〇分間であっても身体と心に大きな負担となります。お年寄りや子どもに触られることを気持ち良いと感じてジッとしているのか、あるいは緊張感からジッとしているのかでは、意味は大きく違ってきます。

アメリカにいる時、ある病院での犬を使った訪問活動のお手伝いをしていた頃がありました。私は犬を飼ってはいなかったので、補助的なボランティアの仕事をしていました。

毎回きちんと参加されて、二頭のキャバリアを連れてくるご婦人がいました。いつも元気なキャバリアたちは、この訪問活動を楽しんでいるのが良く分かりました。そんな元気な犬たちが、欠席したことがありました。心配だったので、どうして欠席をしたのか聞いてみました。

そのご婦人の話によると、病院へ行く前日は必ずお風呂に入れるそうです。二頭の犬たちにしてみれば、シャンプーは、イコール翌日の病院訪問を意味するものでした。いつも病院へ行くのがとっても嬉しいのでしょう、しっぽをブンブンと振って翌日の訪問が嬉しくてしょうがないのが分かるほどなのですが、その日に限って、一頭の犬がお風呂には入りたくないことを訴えたそうです。そのご婦人には理由は分からないけれど、病院への訪問が嫌なのだと思い、欠席をしたそうです。彼女の判断は、正しかったと思います。嫌がる犬の意志を無視して病院へ行っていたならば、いつもとは異なって患者さんを傷つけたり、異なる態度を示したりしたかも知れません。楽しい訪問が、苦痛にかわっていたことでしょう。

皆さんは、この話をどのように思いますか?

皆さんの中にも、こういったボランティアに参加されている方がいることでしょう。ボランティアといっても、責任はついてきます。どんなに長年連れ添ってきたとしても、動物の行動をすべて把握することは無理でしょう。その日の状態によっては、何が起こるかは飼い主だって分からないはずです。そんな時は、普段の何気ない生活パターンから、微妙な動物たちの心の動きを感じ取る観察力が大切になってきます。

小さな子どもが学校に行きたくない時、仮病を使ってどうにか学校を休もうと努力をします。犬や猫であっても、子どもたちと同じような行動を取ることがあるのです。訪問活動などは、特に注意が必要でしょう。

犬が吠えることは悪いことなのだろうか?

飛びつくことはどうしていけないのでしょうか?

無駄吠え、飛びつき、マーキング、穴掘り……。これらの行動は、犬や猫たちがもともと持っているものです。問題行動と言われるものは、人間側が作り上げた勝手なルールから逸脱しただけなのです。たまには、そのルールを破り、思いっきり吠えさせて、飛びつかせてあげ、そして解放してあげる喜びも大切なのだと思います。

いつもあれはダメ、これはダメだと言われ続ける動物たちのことも考えてみてはいかがでしょうか? ルールは人間側だけのものではありません。人間の生活がしやすいだけのルールなど必要ないのです。

人間との関係

ちょっと本屋を覗いてみると、最近よく目にする本があります。アニマルコミュニケーターに関するものです。アニマルコミュニケーター、それはそのものずばり動物たちと言葉を交わす人のことです。何だか変な人のように思うかも知れませんが、ちゃんとした仕事としての地位を確立しつつあります。物言えぬ動物たちの心の状態や身体の痛みを飼い主や獣医師へと伝えるのが、彼らの仕事です。

私たち人間には、言葉があります。恋に落ちたカップルのように目と目で言葉を交わす場合は別として、言葉でコミュニケーションをする生き物です。太古の昔には、私たち人間も言葉以外の方法で会話を交わしていたはずで、誰もが動物たちと会話をする能力はあるはずです。次に取り上げるのは、あるコミュニケーターの方が実際に体験した話です。

ある人が、自分の飼っている馬の問題を相談しにやって来ました。この数日間、自分の馬がどうしてもエサを食べてくれないということで、ちょっと馬と話をして欲しいという依頼でした。馬にどうしてエサを食べないのか聞いてみると、頭が痛いと言うのです。とにかく自分には分からないけど頭が痛くて、何も口に出来ないという返事だけが返って来ました。それ以外何の問題もないし、もちろんコミュニケーターの彼女には、話を聞く以外には何も出来ないので、そのまま帰ってもらいました。

それから数日して、馬の飼い主から電話がありました。その飼い主によると、馬の以前の飼い主から電話があったそうです。その昔の飼い主は、ちょうど馬が頭痛で食欲を無くしていた時期と同じ頃、頭の中に腫瘍が出来ているのが分かり、入院をして手術をしていたのです。そう、例の馬は昔の飼い主の苦しみを分かち合っていたのです。皆さんの中には、これを偶然の一致だと思う方もいるでしょう。しかし、人間と動物との心の距離が縮まれば、こういった出来事があってもおかしなことではありません。

人間の死因のトップは、ご存知のようにガンです。そして、ペットたちの世界にもガンが死因のトップになりつつあります。これには、医療技術の進歩や飼い主たちの意識の変化によりペットたちの寿命が延びたことが原因の一つだと考えられます。しかし、それだけが原因ではないようです。

『動物を癒し、動物に癒されて』（チクサン出版社）の著者であるアレン・M・ショーン獣医師は、次のように語っています。

動物たちの間でのガンの増加は、人間におけるガンの増加を映し出しているようなものでしょう。たくさんの要因が、その原因として考えられます。

まず、遺伝的な要因があります。二番目は食事です。質の悪い原材料、着色料、添加物等を含むペットフードを、ほとんどの飼い主の方たちは与えています。三番目に、ワクチン接種です。そして、最も大きな影響が人間との関係です。犬や猫と人間との関係が強まれば、人間の病気の影響を動物たちも受けることになります。時に動物がガンになることで、人間のガンを教えている場合もあります。

ずいぶん昔になりますが、不登校などの問題を抱えている子どもたちを預かる施設で働いていた時期がありました。普通の施設とは異なって、そこではたくさんの動物たちを飼育していました。犬、猫、ウサギ、馬、ヤギなど、実に様々な動物たちが居ました。そして、その動物たちの世話をするのが、心に傷を持った子どもたちでした。

その当時の私には、子どもたちを観る能力などありませんでしたが、子どもたちが飼育している動物たちの様子を観ていれば、子どもたちの心の状態が少しですが分かるようになりました。子どもたちも、そして動物たちもとても素直です。そのために、心の状態が連動するのでしょう。ある動物の状態が良くない時は、不思議とその動物を世話している子どもの心が不安定になっていました。まるで子どもたちの心の変化を動物たちが代弁しているかのようでした。

同じような出来事が、皆さんと動物たちとの暮らしの中でも日々起きています。あなたが不安を感じている時、一緒に生活している犬や猫たちだって不安を感じます。身体を異常になめたり、湿疹が出来たりする時でも、それは心のサインであることがあります。あなたの心を鏡のように映し出しているのです。

特に小さな子どもと動物たちは、心が連動する傾向があります。子どもがいじめにあっていたり、学校で嫌なことがあったりすると、動物たちは子どものちょっとした心の変化に反応します。何も食べなくなったり下痢をしたりして、子どもの心の代弁をしてくれるのです。動物たちが助けを求めている時、それはあなたの子どもが助けを求めている時なのかも知れません。子どもへの小言が多くなったり、奥さまやご主人への愚痴が増えたりしていませんか。側にいる動物たちは、その様子をジッと見ています。

動物への愛、両親への愛、子どもへの愛、そして配偶者への愛。愛情に満ちた家庭であれば、動物たちの心は安定します。安定した心は、肉体を健康へと導いてくれるのです。愛犬や愛猫ばかりを可愛がっても、彼らの心と身体は満たされません。あなたの周りを囲む人間たちへの愛も大切なのです。長年連れ添ったご主人が亡くなった時よりも、愛犬が亡くなった時の方が悲しかったと言っていた老婦人の話を聞きました。その話を聞いた時、ちょっと悲しいことだと思いました。人を素直に愛せない人たちが増えているのでしょうか。その愛を動物たちにぶつけることは、避けたいものです。

現在の姉のパートナードッグであるムギは、東京に住む私が飲み過ぎて吐いた朝などは、福岡にいながらも同じように一緒になって吐いてくれています。偶然なのかも知れませんが、たぶんムギは私の苦しみを共有してくれているのでしょう。そんなムギを見ていると、お酒の量を控えなければと反省します。私たちが知らないところで、犬や猫たちはちゃんと私たちの生活に複雑に入り込んでいます。

自然に心の中にも……。

心と免疫

心と免疫系がつながっていることを、ご存知でしょうか。数十年前から、「神経精神免疫学」という新しい分野の研究が始まっています。病は気からという言葉はよく使われますが、まさにこの言葉そのものが、神経精神免疫学なのです。ストレスがかかれば、免疫力も低下します。そして、免疫のアンバランスは、様々な弊害を引き起こすでしょう。最近の犬や猫たちに頻繁に見られるアレルギーやガンであっても、ストレスと大きく関係があるのです。

動物たちにおいても、このことは大いに当てはまると思っています。フレンドの前半の人生はストレスだらけで、心が休まることはなかったでしょう。その頃の彼女の免疫状態は、最悪だったことでしょう。本来ならば、充分にガン細胞の増殖を抑える能力が免疫にはあるものですが、彼女の心はそれに耐えられないほどになっていたのです。しかし、ガンになってからは、ストレスもなく、自分の人生を思いっきり楽しんでいた彼女の免疫力は、ガンに打ち勝つほどの強力なものだったのでしょう。彼女の身体は辛いものだったかも知れませんが、心は光に満ちあふれていたのです。

適性と能力は異なるものです。フレンドの訓練能力は高いものでした。しかし、競技会には向かない適性の犬だったのです。どんなに高い能力があったとしても、適性がなければ、それは苦痛でしかないでしょう。人間も知能が高くても、研究者として裏方で働くのか、表舞台に立って人前で堂々と話をするだけの能力があるのかによって、異なってきます。

私たちは能力にばかり目がいって、適性を無視しているのでしょう。おとなしくして人間に従う犬が、セラピードッグとしての適性を持っているかどうかは、疑問が残ります。攻撃的な行動には出なくとも、犬は嫌がっているかも知れません。それを見抜けるだけの人間側の能力が、必要になってくるのです。皆さんは、どれくらい犬や猫の行動に責任を持てますか？ドッグスポーツなどの、犬と人間が一緒に参加できる分野が増えるごとに、人間側はワクワクします。しかし、その同じ気持ちを動物たちも抱いているとは限らないのです。

私の父は医者です。私は獣医師になりましたが、普通なら自分の子どもの誰かに、その志を継いで欲しいと願うものでしょう。私には三つ年下の弟がいて、頭の良い子なので勉強すれば大学へ入る能力はあったと思っています。しかし、弟は自分自身が医師としての適性がないことを知っていました。そして父はそのことを理解し、弟を無理矢理に医大へと入れるようなことはしませんでした。どんなに素晴らしい技術を身に付けたとしても、患者さんとの関係はそれだけでは終わりません。弟とは異なり、自分で判断出来ないのが犬や猫たちです。その適性の有無を判断するのは、あなた自身なのです。

フレンドのガンは市販のフード、過剰なワクチン接種、環境、姉との関係などが、相互に関係し合って出来上がっていったのでしょう。しかし、最大の原因はやはりストレスだったのではと思います。訓練競技会、繁殖、セラピードッグ……。彼女の身体には、耐えられなかったほどのストレスだったのでしょう。言葉を発せられない分、もしかしたら色々なところでサインを送っていたのかも知れません。ガンになることしか、彼女には道がなかったのかも知れません。

皆さんの目の前で笑っている犬たち、そして膝の上で眠る猫たちは、心を持っています。人間以上に繊細で、敏感な彼らの心を無視しているようなことはないでしょうか。買い物から戻った時、会社から帰った時、疲れているからあるいは忙しいからという理由で、言葉をかけたり、頭をちょこっとなでてあげるのを忘れてはいませんか。そんな日々の積み重ねが、彼らの心に隙間を作ることになります。

こころ……、つかみたくてもつかめないものです。

フレンドとノンノンを飼う以前にいたシェルティーのラブはその名前にふさわしく、みんなに愛されていた犬でした。愛されていた分、彼女はとても焼きもちやきな犬でした。ちょっと気にくわないことがあると、庭のどこからかは分からないのですが、家出をする子でした。

今でもおぼえている出来事があります。大学二年生だった私の元に一通の手紙が届きました。実家の母からの手紙でした。母からのその手紙は、非常にぶ厚く、便せんで二〇枚近くはあったように思います。「いったい何が書かれているのだろう」という不安にかられて手紙を開けました。内容は、ラブのことでした。「言えなくてごめんなさい」という書き出しで始まったその手紙は、約一ヶ月前にラブが交通事故で死んでいたことを書き記したものでした。

その日の母はとても忙しく、買い物から戻った時に、ちょっとだけラブに戻ったことを告げ、すぐに仕事場へと出かけていきました。ラブにしてみれば一日中ひとりぼっちで、母と遊びたかったのでしょう。むしゃくしゃとしていたのか、いつもの家出を企てたのです。夕方になって仕事場から戻った母は、ラブが居ないことに気付きました。いつもの家出だろうと思い、すぐに戻って来るものだと思っていたようです。しかし、翌日になってもラブは戻って来ませんでした。

そして、いつもお世話になっていた動物病院の先生から、電話がかかってきました。能天気な母は、焼きもちやいてラブがまた家出をしてしまって、戻って来ていないことを先生に話しました。先生からの返事は、実はラブに似た犬が信号機の側で死んでいたというショッキングな話でした。すぐに母は、その犬の死体を確認しに飛んで行きました。悲しいことに、それはラブでした。近所で一番交通量の多い通りで、普段のラブが行くような場所ではありませんでした。

母にしてみれば、自分の不注意で交通事故という結果を引き起こしてしまい、どうやってその死を伝えればよいのか迷っていて、長い手紙になってしまったのでしょう。その時の母の気持ちが痛いほど分かります。

ほんのちょっと時間を作っていたら……。もしもはあり得ませんが、交通事故を防げたのかも知れません。犬や猫にとっては、頼れるのは人間だけなのです。私たちが居なければ、何も出来ないのです。

アニマルセラピーという言葉は、よくご存知だと思います。私たちは「癒し」という言葉を用いて、動物たちを飼うことは素晴らしいものだと説いています。しかし、癒してもらうばかりで、私たちは彼らに何をしてあげているのでしょうか?

物言えぬ彼らから発せられる様々なサインを、皆さんは観ていますか? 助けを求めているのに、無視をしているようなことはありませんか?

第六章　もう一つの遺言状

本村　直子

この最後の文章は、私の姉が書いたものです。
飼い主であった姉の目から見た、フレンドの生き方を感じて下さい。
動物とともに生活をすることは、素晴らしいものです。
しかし、その生活の責任は、すべて飼い主にかかってきます。
どうやって犬や猫を選ぶのか。
食事はどうするのか。
そして、心の問題にどう対処するのか。
飼い主を選ぶことの出来ない動物たちの運命は、
すべて皆さんの手の中にあるのです。
最期に皆さんに出会えて良かったと
動物たちが思ってくれる自信がありますか？

出会い

晴れた日の朝、私はいつものように二頭のラブラドール犬を連れて、近くの公園の中にある池の周りをゆっくりと散歩します。途中、池を望むベンチに腰かけ、キラキラと輝く水面や、気持ち良さそうに泳ぐカモの群れや、釣り糸を垂れる人たちを眺めながら、ゆったりとした時間を楽しみます。犬たちはというと、まだ若いブラック・ラブラドールのコトは、「何かおもしろいものないかなー」と探索に夢中になっています。もう一頭のイエロー・ラブラドールのムギは、ベンチに腰かけている私のそばに同じようにちょこんと座り、大きな愛らしい瞳で私を見つめています。

「あー、このまっすぐな視線。この子の表情は、ますますフレンドに似てきた」

そう、いつもどんな時にでも、フレンドは私だけを見ていてくれた。

彼女は、そんな忠実でかけがえのない、そして生涯忘れることのできないパートナー・ドッグでした。

「自分だけのパートナー・ドッグが欲しい」。そんな思いから、イエロー・ラブラドールのフレンドを手に入れたのは、もう一五年以上も前のことです。彼女は盲導犬として繁殖された犬だったので、従順で落ち着きがあり、とても頭のよい子でした。初めて出会ったとき、この世に生まれてまだ二ヶ月もたたない彼女は、まるまるとしたまっ白な身体に大きな瞳がとても印象的な子犬でした。陽の光をいっぱいに浴びて、土の上を転げまわって遊ぶフレンドを見ながら、これから始まる彼女との生活を思い描き、胸の中は希望でいっぱいでした。

絆

フレンドはすくすくと順調に育ち、もともと動物が大好きだった私は、独学ですが自分自身で彼女にトレーニングを入れることを試みました。基本的な服従訓練に始まり、それだけでは飽き足らず、プロのドッグ・トレーナーについて訓練競技会に出場するまでになりました。当時犬の訓練競技会といえば、まだまだプロの参加がほとんどでしたが、フレンドは毎回上位入賞を果たし、何度か優勝を飾ったこともありました。繊細な心を持った犬でしたので、私が緊張すればするほどそれを敏感に感じ取り、どんなに大きな競技会であろうと、いつも変わらず落ち着いた態度で私を助けてくれました。ミスの原因は、たいてい私の方にあったので、「もっと、あなたの犬を信用してあげなさい」。そう審査員の先生からアドバイスを受けたのを覚えています。

競技会に夢中になっていたころ、私は好きが高じて動物系専門学校で非常勤講師として、動物のことを教える仕事をしていました。専門学校に行くときも、よくフレンドをいっしょに連れて行ったので、私が教室で講義をする傍らでじっと待っているフレンドの姿は学生にも印象深く映っていたようです。「いつも主人の側を離れず、いつも主人だけを見つめ、主人にしか心を開かないフレンドのような本物のパートナー・ドッグが欲しい」とよく学生にも言われ、私とフレンドの関係は、周りの人たちにはとてもうらやましく見えたようです。実際に彼女は私以外の人には見向きもせず、私の家族であっても、どこか一線を引いていました。

現在暮らしている二頭のラブラドール犬は、フレンドと血統的には同じライン（盲導犬用）になるのですが、何が違うかというと、フレンドはすべてに対して一途でした。例えば、私が買い物をする間、お店の前で待たせたとします。今のムギは、「これは長くなりそうだなー」と自分で判断し、気持ちを切り替えることが出来ます。買い物を終えて戻ってみると、ゴロンと横になったままで待っていることがよくあります。それに対してフレンドは、私が入って行ったお店の出入り口の方をじっと凝視したまま、何時間でも正座したままひたすら待ち続けています。

「ジャンプ」をさせたとします。ムギは、障害の高さを上げていくと、「飛べって言ったって、もうこの高さは私には無理」と自分で判断して、止めてしまいます。フレンドは、九〇センチ、一メートルと高くしていっても、足をひっかけてでも飛ぶことにトライします。私の命令には、まさしく絶対服従。多分この先、これほど主人に対して忠実で一途な犬には、再び巡り合うことはないだろうと思います。

フレンドは私といっしょにいることだけをいつも考えていました。家に居るときは、自分をおいてどこかに行かないかと心配し、いっしょに出かければ、自分だけおいて帰ってしまわないかと不安に駆られ……。二四時間、三六五日、フレンドは私と離れることに常に不安を感じ、心休まることがなかったのです。彼女が一番生き生きとしていたのは、朝早く起きてお弁当をこしらえ、いっしょに山や海に出かけたときです。車から降りたとたん、私の周りを何回もグルグルと走りまわり、「わーい、わーい」とはしゃぐ子どものようでした。

しかし、競技会やドッグショウにとドンドン熱を入れていった私は、次第に彼女が一番好きな時間をさいてまでも、競技会で良い成績をおさめることに執着していったのです。フレンドは、決して競技会で大きなトロフィーを手に入れたり、専門学校で学生の相手をしたりすることが好きだったわけではありません。いろんな場所で、いろんな人に触れられることを受け入れてはいましたが、実際は我慢していたし、競技会に向かう車の中でも、彼女はいつも暗い顔をしていました。今思うと、なぜあのとき、フレンドの気持ちがわかってあげられなかったのかと思いますが、人は何かに夢中になっているときは、それ以外のものが見えなくなるものなのでしょう。

「私は、賞賛も名誉もいらない。あなたといっしょにいられるだけでいいのに……」。そんなフレンドの心の叫びさえ、私には聞こえないまま、訓練競技会にドッグショーに、さらにはアジリティー競技に、アニマル・セラピーの現場にと彼女を連れまわし、繁殖のために京都や横浜へとひとりで飛行機に乗せ、毎回のように学校にもお供させたのです。

戦い

それは、突然やってきました。フレンドが五歳になった夏の日のことです。彼女の腹部が異常に大きく膨らんでいるように思えたので、すぐにかかりつけの動物病院に連れて行きました。それまで、外耳炎や皮膚炎くらいでしか病院でお世話になったことはありませんでしたが、今回は嫌な予感がしてなりません。結果は、何らかの原因で腹水が溜まっているとのこと。

山口大学の動物病院で詳しく診てもらうために、フレンドを車に乗せて走ったのは、激しい雨の降る日でした。大学病院の古臭く暗い待合室で診断の結果を待つ間、長く不安な時間が過ぎていきます。私は何か起きたとき、最悪の結果をまず想像します。そうすれば、それ以上は落ち込むことがないからです。究極のプラス思考法と言えるかもしれません。しかし、フレンドの診断結果は私の最悪の想像を超えていました。

腹水の原因は、「癌性腹膜炎」によるもの。

すでに手術ができない状態まで進行していて、このままなら一ヶ月の命……。

「おいしいものでもたくさん食べさせて、うんと可愛がってあげて下さい」と言う先生のなぐさめの声がだんだん遠くに聞こえていく気がしました。その後、どうやって福岡まで帰ったのか、あまりよく覚えていません。ただ、もうめそめそと泣いている時間などない。あと一ヶ月、この一ヶ月をどうすべきかと考えながら、ハンドルを握っていたように思います。

私は、強く固い決心をしました。「この先、もう絶対にフレンドの前では涙を見せない。悲しい顔を見せない。彼女が一番望むこと、好きなことだけをしてあげよう。この一ヶ月という時間は、フレンドのためだけに使おう」と。

その日から、私の二四時間はいつもフレンドといっしょでした。いっしょのフトンで眠り、いっしょに食事をし、いつのときもどこへ行くにも、常に彼女といっしょでした。フレンドが大好きだった海にも、毎日のように連れて行きました。今日はあの山に登ろうか、今度はあそこの川べりを歩こうか、フレンドとふたりの時間を何よりも優先しました。もう彼女に何かをさせる必要などありません。競技会もドッグショーも無縁です。彼女は、自分がしたいことだけを好きなだけすればいいのです。「イケナイ」という言葉も、彼女の生活の中から消えました。

他人には心を開かなかったフレンドですが、かえってその気高いところが、学生や周り

の人に愛されていたようで、そんなフレンドのことをたくさんの人が気遣ってくれました。フレンドを知る人たちが彼女に出会うたびに、優しい声をかけ、頭をなでてくれました。それでも、フレンドのお腹に目をやると、そこには癌という病魔が確実に存在していました。

イヌという動物にとって、一番のご馳走は何だろう。私なりに考えた結果、食事の内容もそれまで与えていた当時一番よいとされていたドッグフードから、生肉を中心とした手作りごはんに変えました。知人がガンにはブロッコリーがいいと教えてくれれば、すぐ食事に取り入れ、肝臓には肝臓がいいと聞けば、牛のレバーを買いに行きました。ガンは、細胞の病気。それならば細胞を活性化させればいいのではないかと考え、私は素人なりに愛するフレンドの身体と心が少しでも楽になればと、一生懸命でした。

そして、奇跡としか言えないことが起きたのです。

奇跡

一ヶ月の命という宣告を受けてから、夏が過ぎ、秋が過ぎ、そして新しい年を迎えました。相変わらず、フレンドの大きなお腹に腹水は溜まっていました。毎日牛肉だ、鶏肉だとご馳走を食べ、みんなに可愛がられ、大好きな私はいつも傍にいてくれ、ソファーに上がろうとどんな悪戯をしようと誰にもとがめられず、フレンドの表情は以前に比べて明るく、いつもニコニコと笑っていました。「私は、今最高に幸せ」。彼女のきらきらと輝く瞳はそう物語っているようでした。

年が明けても彼女はとても元気で、それどころか、一月も終わり頃だったでしょうか。彼女のお腹がだんだんと小さくなっていったのです。私の父は内科の開業医です。妹は獣医です。一度溜まった腹水が自然に体内に吸収されることなど、普通は考えられないと言います。しかし、現実にフレンドのお腹は医学的なことなど何も施さないまま、小さくなったのです。

私はもう一度フレンドを連れて、山口大学へ向かいました。幸運にも、ちょうどＭＲＩ

（磁気共鳴診断装置）という最新の映像診断機器が動物病院に入ったばかりで、そのMRIを使って、フレンドの体の中を詳しく診てもらうことになりました。

診断の結果、「ガンの原発は右卵巣。腹水がきれいに吸収されているので、今なら手術は可能。転移のことを考えて、卵巣と子宮の全摘出が望ましい。今からでも行いましょう」。

フレンドはそのまま手術室へと運ばれ、私はことの次第を受け止める間もありませんでした。手術が終わり、麻酔が覚めたばかりでまだフラフラしているフレンドを車に乗せて帰るときになってホッとしたのか、急に涙があふれてきました。

「フレンド、よかったね、よかったね」と言いながら、いろんな思いが交錯してしばらく涙が止まりませんでした。結局のところ、何ゆえフレンドの腹水が自然になくなったのかは、誰にもわかりませんでした。ひとつだけ確かなことは、ガンを発症する前のフレンドより、その後の彼女の方が、生き生きとしていたということです。

「もっともっと生きたい」。フレンドの命は、そう心から願い、その強い見えないエネルギーの力が彼女の身体に、何かをもたらしたのだと私は信じています。

ガンがいつまた転移するかもしれないという不安はあったにしろ、フレンドのその後の生活は、もちろん手術前と変わることはありませんでした。春になれば海に出かけ、夏になれば山に出かけ、ともに季節を感じ、いっしょにいられる喜びを共に感じました。その後の二年間は、平穏で静かに過ぎていきました。

私は、若いころから馬という動物に特別な思いを抱いていました。高校生のころ、高原を初めて馬で駆けてからというもの、乗馬は私の生きがいでした。フレンドのことが落ち着いた頃、「自分の馬が欲しい」と思うようになり、とうとう念願の愛馬ケーシーを手にし、彼に夢中になっていた矢先のことです。

ふたたび、フレンドのお腹に腹水が溜まったのです。彼女は八歳になったばかりでした。「今度こそ……」かかりつけの獣医との間に暗黙の了解がなされ、私自身もふたたび

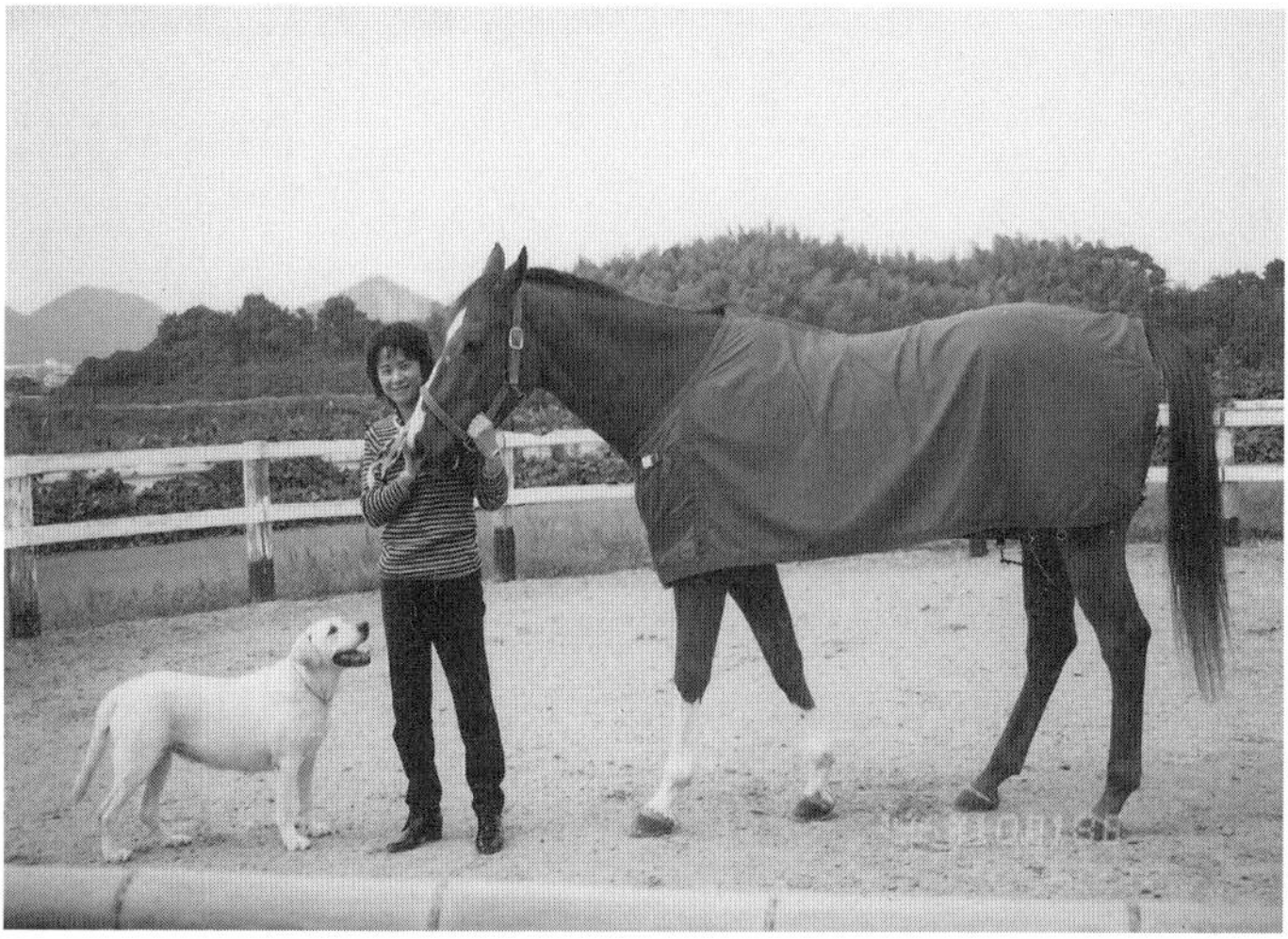

覚悟を強いられました。見る見る間にフレンドのお腹は、腹水でパンパンに膨れ上がり、通常二八キロの体重が三五キロまでになりました。さすがに動くのが辛そうだったので、対症療法として腹水を抜いてあげることにしました。普通、腹水を抜くと、その反動で余計に溜まってしまうことが多いのですが、不思議なことにその後、フレンドのお腹に腹水は溜まらなかったのです。

実を言うと、最初に腹水が溜まったときも、私はフレンドの他に気持ちを取られていたものがありました。今回は、私の気持ちが愛馬に向いたのが、原因なのでしょうか。「その通りよ」とでも言いたげに、私の目をまっすぐに見つめるフレンド……。それからまた、二年がたちました。

フレンドが一〇歳の誕生日を迎えてすぐのことです。みたび彼女のお腹に腹水が溜まったのです。山や森が紅葉で美しく色どられたころでした。腹水でパンパンに膨れ上がったお腹を抱えながらも、フレンド自身は相変わらず元気でした。さすがに限界になると胃を圧迫するらしく、食欲がなくなり、動きもぎこちなくなってきます。フレンドが少しでも楽になればと、動物病院で腹水を抜く処置をしてもらいます。

動物とは本当に正直なもので、病院で腹水を抜いた途端に身体が軽くなるらしく、「お腹すいたよ、ごはんちょうだい」という顔でしっぽを振りながら、私を見上げるのです。

それから数ヶ月は、腹水が溜まったら抜き、溜まったら抜きの繰り返しでした。また新しい年が明け、そして春を迎えたころだったでしょうか。今度は、胸にまで水が溜まってきたのです。心臓や肺を圧迫するらしく、呼吸をすることが辛そうです。横になると、さらに苦しいらしく、横になれずに座ったままの姿勢でイスの上に頭を乗せて、コックリコックリしているフレンドを見るのは本当に辛くて、胸がしめつけられる思いでした。そんな彼女に私がしてやれることは、ただ身体をさすり、話しかけてあげることだけ……。

皆さんには想像できますか？　動物病院の診察台の上に横になったフレンドの腹部と胸部に大きな針で穴を開け、そこにチューブを差し込み、身体に溜まった水を抜いていく光景が。用意された洗面器の中に、抜かれた水がドンドンあふれていきます。その色から判断すると、水というよりは血といったほうが正しいかもしれません。二杯、三杯と洗面器に水を抜く間、フレンドはことの次第をすべて悟っているかのように、静かに大人しく横になっています。もちろん、麻酔などしません。それでも彼女は、ただの一度も処置や検査を嫌がったことはありませんでした。私には、三度目の奇跡をもう神様にお願いはできません。でも、一日でも長くフレンドといっしょにいたいと心から願いました。最期のときを静かに逝かせてあげたいと、それだけを願っていました。

胸水が溜まり出すと、彼女は時折苦しそうな表情を見せるようになりました。腹水と胸水を抜く処置のために動物病院に行く間隔が、二週間、一〇日間、一週間おきと短くなっていきます。時々顔が浮腫むようになり、お気に入りの場所でじっとしていることが多くなりました。大好きな海に連れて行っても、今までなら潮騒のにおいがしてくると、車の窓から顔を出して嬉しそうにしっぽを振っていたのに、海辺についてもただ無表情に波打ち際にたたずんでいます。

フレンドとの別れのときが、近づいていることを感じました。

別れ

梅雨が明け、夏が訪れ、八月に入ってすぐだったでしょうか。フレンドは、起き上がることがほとんどできなくなりました。それでも食欲はあるらしく、口元に肉を運ぶとおいしそうに食べてくれますが、トイレのとき以外はリビングの窓際の一番好きな場所で横になって過ごすことが多くなりました。

安楽死には、賛否両論いろんな考え方があると思います。最後まで生きようとするのが動物であるということも、最期のときを人間に決定する権利などないということも、もちろんわかります。もしフレンドにしてあげられることが残されているのならば、費用がどれだけかかろうと、最善を尽くしたいと思うことは当然です。手術や薬物療法なども考慮しましたが、苦しい思いをさせてまで延命させるよりも、フレンド自身が幸せでいられることを大切にしたいと思い、溜まった水を抜くといった対症療法だけを今まで施してきました。フレンドは私にとってともに生きてきたパートナーです。パートナーであるフレンドの最期のときは、私にはきっとわかるはずです。そのときが来たら、安楽死もあり得るだろうと考えていました。

フレンドはとうとう全く起き上がれなくなり、口元にどんな食べ物を持っていっても、見向きもしなくなりました。「フレンド」と私が声をかけても、ほとんど反応しません。もちろん、オシッコもウンチもたれ流しです。いつも気高く凛として生きてきたフレンド。その彼女の下の世話をすることになるなんて……。起き上がれなくなって二日目のことです。尿毒症を起こしているのでしょう。時折、激しい痙攣が彼女を襲うようになりました。

八月六日、リビングの窓際に寝ているフレンドの横にフトンを敷いて、今晩も私はここで眠ります。夜中に何度となく痙攣が起き、その度にもがき苦しむフレンド。うつろな目で横たわるフレンドに私が出来ることは、ただ傍にいて身体をさすってあげるだけ。長く辛い夜が過ぎていきます。

明け方近くになり、フレンドの痙攣も落ち着き、寝息が聞こえてきたようなので、私もウトウトしていたときです。誰かに起こされたような気がして、ゆっくりと目を開けてみると、窓から差し込むやわらかな光に照らされたフレンドが私をじっと見つめています。とそのとき、「もう、逝っていいよね」と言うフレンドの声が、私にははっきりと聞こえました。「そうだね、お別れだね。すぐに楽にしてあげるから」と、私もフレンドの心に話しかけます。安心したかのように、ふたたび静かに眠りにつくフレンド。「動物病院が開いたら、電話をしよう」。そうつぶやきながら、私ももう少しだけ眠ることにしました。

しかし、実際にフレンドを安楽死させるとなると、私には迷いが生じました。神様、もう少しだけ、もう一時間だけ……と、八月七日のお昼になっても、私はぐずぐずと決断できずにいました。お昼過ぎ、フレンドを今までにない激しい痙攣が襲います。私たちの呼びかけにも、ほとんど反応しません。もうこれ以上は、彼女を苦しませてはいけない。家族でもう一度、フレンドの最期をどうするかについて話をします。「フレンドがずっと暮らしてきたこの家で、大好きなこの場所で、大好きな家族に囲まれながら、最期のときを迎えさせてあげたい」家族の思いはひとつで

した。

一〇年以上連れ添ったフレンドとの別れを決めたことを電話で獣医に告げ、安楽死のための麻酔液を、私自身の手で動物病院に受け取りにいきます。母がフレンドの顔をひざに抱え、頭を優しくさすってあげながら、私は彼女の細く縮んでしまった血管を両手で確保します。そして、父がフレンドの静脈にゆっくりと注射液を注入していきます。フレンドの呼吸はだんだんと長くゆっくりになっていき、やがて静かに止まりました。

「よくがんばったな」と、フレンドの頭をポンとたたいて、父が診察にもどっていきます。一時間前から、病院の待合室にはたくさんの患者さんを待たせたままです。

看護師だった母は、ていねいに彼女の死後処置を施してくれます。あっという間に、しかしとても静かに、フレンドは私たちの元から逝ってしまいました。

実を言うとこのとき私は、フレンドの死後解剖をすることを、密かに決めていました。普通の飼い主さんには、亡くなった愛犬を解剖するなんて考えられないことでしょう。しかし、私は一頭の犬の飼い主であると同時に、犬を科学する立場にいる人間なのです。いったいフレンドの体の中がどうなっているのか知りたかったし、これからも犬と関わっていく仕事をしたいと思っている人間として、知っておく必要があると思ったからです。

フレンドの死を嘆き悲しむ間もなく、フレンドの亡骸を車で動物病院に運びます。「本当にいいのですか？」。獣医が何度も念を押します。今日までずっと、フレンドのことを診てくれた獣医の気持ちに報いたいというのも、解剖をしようと決心させた理由でした。病院の受付の女の子は平気な顔でフレンドを運び込む私を、怪訝そうな顔で見ています。

手術台に運ばれた彼女の身体に、ゆっくりとメスが入れられていきます。

解剖の結果は、想像以上に壮絶なものでした。脾臓、肝臓、肺、大腸、膀胱など癌が転移できる臓器のほとんどに、癌細胞がはびこっていました。さすがに開きはしませんでしたが、おそらく脳にも転移していたと思われます。身体の中をこれほど癌に侵されながら、六年近くも彼女を生かしたものは何だったのでしょうか。「結局は、フレンドの生命力だったのでしょう」と、最後にポツリと獣医が言いました。

フレンドのその生命力を支えていたもの。それは、「生きたい！」という希望だったと私は信じています。その希望のエネルギーこそ、すべてだったと。

フレンドの遺言状

フレンドがたくさんの人たちに愛されていたことを、フレンドの死後あらためて実感しました。たくさんの花束や手紙が彼女の元に、毎日のように届きました。それは、私にとってとても嬉しいことでしたし、救いでもありました。

しかし、自分のやったことは、本当に正しかったのか。フレンドに対する安楽死と死後解剖は、後々まで私を苦しめました。フレンドが亡くなって六年以上たった今でも、思い出す度に、自分を責めずにはいられません。自分を責める私に、ひとりの親友がこう言ってくれました。「フレンドといっしょにあなたも苦しんだのだから」と。

かけがえのないフレンドというパートナーと出会い、喜びも苦しみもともに分かち合い、ともに生きてきた一一年間あまり……。犬というすばらしい友・フレンドと生きる喜びをこれからもたくさんの人たちに、伝えていくこと。それこそが、フレンドが私に残した遺言状だと思っています。

フレンド、あなたに出会えたことを、誇りに思います。ありがとう。

ありがとう　《フレンドへの手紙》

フレンドの死後、姉はフレンドのことを知っていた友人たちへと手紙を出しました。たくさんの方たちからフレンドの想い出の詰まった手紙をもらったようです。生前のフレンドを知っている人たちからすれば、彼女の一生懸命な生き方は色々なことを学ぶ機会を与えてくれたのだと思います。そんなフレンドへの手紙をいくつか紹介したいと思います。

文章は原文のままを掲載させて頂きました。

西山　真由美さん（岡山県在住）

お葉書どうもありがとうございました。

ケイタイの番号が書かれていたので、お電話しようと思ったのですが、実は電話は苦手なので、手紙を書くことにしました。本当は泣いてしまって話せそうにないと思いました。いつの間にか、フレンドも一一歳になろうとしていたのですね。いつか本村さんにお会いしたら、話そうと思っていた事があります。と、いっても「笑われちゃうかもなあ～」なんて思っていたので、お会いしても話せていなかったかもしれません。今、ここに書かせて下さい。

私がフレンドと最後に会ったのは、六月二六日、お父様の病院の中でした。誰かに呼ばれたような気がして振り返ると、二階へ上がる階段の踊り場で気持ちよさそうに寝ているフレンドがいました。幸せそうなフレンドを見ているだけで、私まで幸せな気持ちになれて、元気になれました。その時、フレンドの背に真っ白な羽が見えたような気がしました。「この子は天使の子なんだ!!」って思ったんです。

この時の幸せ一杯のフレンドが今でも忘れられません。今までで一番、フレンドの近く（心）に寄り添えたような気がしました。という事をお話しようと思っていたのです。「天使の羽が見えた」なんて話を聞いたら、誰もが「ん?・?・」と思うでしょうね。聞き流して下さい。

今回いただいた葉書の写真もよお～く見て下さい、（とっても素敵な写真ですね）フレンドの背に羽が見えていませんか？　私だけだったりして。フレンドは誰の心にも優しく寄り添える、心の優しい子だからこそ、天使の羽を持っているのですね。えらそうな事を言ってすみません。

本村さんから葉書をいただき、深い悲しみと同時に私の中でとても大きな存在だった事を知りました。フレンドはこんな私まで優しく見守ってくれたんですね。本村さんを通じて、この葉書からフレンドの、

「真由美ちゃんガンバレ!!　いつでもそばにいるからね」

という声が聞こえた気がします。

私はフレンドに会えて、とても幸せです。フレンドと一緒に授業を受けた事、馬に乗る本村さんをじっと見守るフレンド、病院で気持ちよさそうに眠るフレンド、私の中にそしてたくさんの人の心の中で、フレンドは生きています。

フレンドに「有難う」って伝えて下さい。

ガッチャン（ネコ）も今年で、三歳になりました。この子の存在はとても大きいものです。この子を通じて知り合えた人がたくさんいます。この子は私にたくさんの幸せと安ら

ぎを与えてくれます。かなり親バカで、ガッチャンもあきれていますが、この子が幸せでいられるように大切にしたいです。ガッチャンをつれて、中本ＲＣ（乗馬クラブ）にも顔を出したいと思います。私は家にとじこもる事が多いのでいつも中本先生には心配してもらっていて、早く元気な顔を見せなくちゃと思っています。馬や皆に会うと元気になれます。ずっと大切にしたいところです。

最後まで、読んで下さり有難うございます。

本村さんよりお葉書をいただけて、とても嬉しかったです。

高見　美穂さん（大分県在住）

おハガキありがとうございました。

ちょうどハガキを頂く前日に、健と二人でフレンドの話をしていたのでとても驚きました。本当に、悲しく、淋しい出来事ですが、その悲しさよりも、「フレンド本当によかったね」という思いがとても強く、心の中で何度も何度もその言葉を繰り返していました。

生きているものは、いつかは必ずどこかで死を迎えなければなりませんが、そんな中フレンドはとても人に愛されやさしい家族がいて、そして何よりも本村先生という心をゆるせる人、心から愛することの出来る人がいて、本当に幸せな人生だなあと思います。

最近、捨てられた犬たちをよく目にしますが、この子たちはどんな一生を送るのだろうか、やさしい家族にめぐり逢えるのだろうか、それとも人を愛することなく、むしろ怖がり、憎んで、ひとり淋しく一生を終えていくんじゃないかと、とても不安になります。せっかく生まれてきた命、たとえ短い命であれ幸せに生きてもらいたいですよね。

そう考えると、フレンドは本当に幸せな一生で良かったですね。心からそう思います。フレンドを思い出すとき、いつもあの光景が目に浮かびます。なにかを真剣な眼差しでずっと見ているんです。そして、その先には、いつも本村先生がいるんです。私はこれから先もずっとあの本村先生をみつめる目、心から人を愛するフレンドの目を一生忘れません。本当にすばらしいことですよね。

私もフレンドに負けないよう、楽しく、そして充実した人生が送れるように、がんばりたいと思います。

それから、本村先生、フレンドは天国からいつまでもあのやさしい眼差しで見守ってくれています。そう考えるとパワーアップしたフレンドがそばにいるようで、心強いですね。

先生とフレンドのベストパートナーはまだ終わったわけじゃありません。これから先がベストパートナーの見せどころです。先生のパワーアップした姿をまた私に見せてくださいね。

それでは今度フュージョンパワーで最強になった先生に会える日を楽しみにしています。

左藤　珠代さん（福岡県在住）

まだまだ残暑が続きますが、お元気ですか。

フレンドの件では、私も心が痛みます。彼女ほど、中身の濃い人生を送った犬はいないんじゃないかな……と思います。

競技会へ出場し、CH（チャンピオン）を取りまくり、乗馬クラブへお出かけし、学校へは一緒に出勤し、バーベキューに参加し、米軍キャンプ内に入れた日本の犬。一頭の犬で、普通の犬の五倍、一〇倍の体験をした、充実した一生を送ったろうなあとつくづく思っています。それもこれも、本村さんという飼い主に巡り合えたことで、一生が決まったのだと思います。フレンドにはイヤ～な訓練もあったかもしれないと、私自身思うところもありますが、でも楽しかったと思いますよ。私の方こそ、フレンドから学ぶことは多かったです。フレンドと本村さんに出会えた事をうれしく思っています。

晩年は病気になりましたが、私はフレンドは寿命をまっとうしたと思っています。私の知らないところで本村さんはずいぶん色々と努力されただろうと、想像でしか言えませんが、彼女は幸せな一生を送ったと思います。

そう簡単に消える悲しみではないでしょうが、乗り越えて下さいね。フレンドも本村さんに感謝しているでしょう。応援していると思いますよ。

何か力になれることがあったら、いつでも声をかけて下さい。
フレンドのご冥福を祈ります……。

フレンド、あなたの存在は、誰にとっても大きかったようですね。これほどまでにも色々な人たちに支えられてきたのが、あなたの人生だったのですね。きっとあなたの残してくれたメッセージは、永遠に消えることなく、広がっていくことでしょう。

エピローグ　思い出の海

カバーに使われた写真は、フレンドにとって最後となってしまったクリスマスに、近くの海へ行った時に撮った写真です。写真では分かりませんが、この時もお腹は大きくなっていました。フレンドはこの海がとても好きでした。キラキラと輝く水面に映る彼女の姿からは、彼女の命の短さなどみじんも感じるようなことはありませんでした。しかし、この時も確実に彼女の身体はガン細胞にむしばまれていました。

海を静かに見つめる彼女には、自分の運命が分かっていたのでしょうか。姉の側に居続けて、守りたいと神様にお願いをしていたのでしょうか。今となっては、問いただすことは出来ません。

一一年という短い一生で終わってしまったフレンドですが、大きな宝物を残してくれました。彼女は、私たちの心に残る素晴らしいパートナードッグだったのです。そして、大きな宿題も……。

彼女は命をかけて、私にガンの真相を見つけて欲しかったのだと思います。たった一頭の犬の死が、こんなにも多くの物事を考えさせてくれるとは、思いもしませんでした。

まだまだ彼女から託された宿題の半分も終わってはいませんが、この本が色々な人たちの手に渡り、少しでもワクチンの真実を知って頂けたら、フレンドの死も無駄にはならないでしょう。彼女に笑って会えるその日まで、真実を追い求める気持ちはいつまでも忘れたくはありません。もう後戻りできないところまで来てしまったのですから。

遺言状とは、残された家族や愛する人への死者からの言葉です。〈フレンドの遺言状〉というタイトルにしたのは、フレンドから私たち人間たちに向けたメッセージの意味を含めたかったからです。言葉を発せぬ彼女が、私に託したメッセージなのです。私は、どれだけフレンドの心を分かっていたのでしょうか。ちゃんとメッセージを聴いてあげていたのでしょうか。ふと考えることがあります。聴き逃してしまったたくさんのメッセージがあったのかも知れません。

皆さんの愛する犬や猫たちも、日々、皆さんにメッセージを発しています。どうか、そのメッセージを見逃がさないように、見つめてあげて下さい。ギュッと抱き締めてあげるだけでも良いのです。優しく声をかけてあげるだけでも充分なのです。彼らの心の声に耳を傾けてあげて下さい。

フレンド、ちょっとあなたのことをしゃべり過ぎたようですね。
後は、私たちの思い出の中で、静かに眠って下さい。
おやすみ、フレンド……。また、いつかどこかで会えるよね。

フレンドの心が皆さんの元にも届きますように

本村　伸子

―――― フレンドの遺言状 ――――

著者プロフィール

本村 伸子（もとむら のぶこ）

山口県生まれ。

1989年　酪農学園大学獣医学科卒業、獣医師免許取得。

1996年　日本女子大学心理学科卒業。

2000年　日本獣医畜産大学大学院博士課程満期退学。

大学院在学中の1997年の渡米を機に、ホリスティック医学に関心を持つ。特にペットにとっての「食事」の重要性と「過剰ワクチン接種」の問題について、調査・研究。

現在、関東と福岡を中心に、本当の意味でのペットの「病気の予防」についてのセミナーを開催している。

著書に『ペットを病気にしない』（宝島社新書）、『愛犬と幸せに暮らす健康バイブル』『愛犬を病気・肥満から守る健康ごはん』（ペガサス）、『ガン／腫瘍』『アレルギーと皮膚疾患』『関節に関与する疾患と遺伝』『胃腸が弱いではすまされない！』『ペットの老後を健やかに！』（コロ）がある。

フレンドの遺言状　それでもあなたはワクチンを打ちますか？

2005年 6 月15日　初版第 1 刷発行
2023年 2 月10日　初版第 8 刷発行

著　者　本村 伸子
発行者　瓜谷 綱延
発行所　株式会社文芸社
〒160-0022　東京都新宿区新宿1－10－1
電話　03-5369-3060（代表）
03-5369-2299（販売）

印刷所　神谷印刷株式会社

ISBN4-8355-9240-9